时尚
金属首饰刻印
分步详解

[美] 莉莎·尼文·凯莉　[美] 泰伦·麦卡比 / 著　武黄岗 赵策 / 译

江苏凤凰科学技术出版社 · 南京

江苏省版权局著作权合同登记 图字：10-2021-99 号

图书在版编目（CIP）数据

时尚金属首饰刻印分步详解 /（美）莉莎·尼文·凯莉，（美）泰伦·麦卡比著；武黄岗，赵策译 . —南京：江苏凤凰科学技术出版社，2022.2
ISBN 978-7-5713-2547-3

Ⅰ . ①时… Ⅱ . ①莉…②泰… ③武…④赵… Ⅲ . ①贵金属—首饰—制作 Ⅳ . ① TS934.3

中国版本图书馆 CIP 数据核字（2021）第 235789 号

时尚金属首饰刻印分步详解

著　　　者	［美］莉莎·尼文·凯莉　［美］泰伦·麦卡比
译　　　者	武黄岗　赵　策
责 任 编 辑	冼惠仪
责 任 校 对	仲　敏
责 任 监 制	方　晨

出 版 发 行	江苏凤凰科学技术出版社
出版社地址	南京市湖南路 1 号 A 楼，邮编：210009
出版社网址	http://www.pspress.cn
印　　　刷	天津丰富彩艺印刷有限公司

开　　　本	787 mm × 1 092 mm　1/16
印　　　张	10
字　　　数	195 000
版　　　次	2022年2月第1版
印　　　次	2022年2月第1次印刷

标 准 书 号	ISBN 978-7-5713-2547-3
定　　　价	49.80元

图书如有印装质量问题，可随时向我社印务部调换。

前　言

自莉莎·尼文·凯莉的第一本著作*Stampde metal jewelry* 出版，已经好几年了，但它依旧非常有价值，是我们了解刻印技术的基础性读本。现在莉莎与泰伦·麦卡比合著的这本新书，为我们带来了多种设计理念与不同的视角。

这本新书从莉莎上本书搁笔的地方讲起，涵盖近七年来刻印领域出现的各种新奇技艺（确实涉及很多新东西）。

莉莎的第一本书出版后，我们有两种字体可以选择。如果你想要一组独特的字母印模，你要当心，它会花掉你一大笔钱。莉莎的公司Beaducation创造性地量产了第一种"非组块"字体，这在当时广受欢迎。如今，我们已经有成百上千种字母印模可以选择，其字体、大小、厚度、设计等各不相同。我们也可以选择成千上万种图案印模，板坯也有了很大的发展，以至于我们可以用最少的金属和最低的加工耗时去制作一款首饰，并让它看上去就像是从高端的精品店里买来的一样。

莉莎和泰伦希望深入浅出地解释刻印技术，便于让大家接受，并喜欢上这种技术。印有名字、妙语甚至是咒语的长条项链，你今天晚上也可以制作出来。刻印技术有着浪漫而悠久的历史，如今也得到快速发展，涵盖刻印风格、潮流与时尚。

通过这本书，你不仅能够了解刻印技术，还能获得一种新的观察视角。刻印技术还处于不断发展的过程中，你也可以参与进来。拿起工具，去塑造属于你自己的刻印首饰吧！

目 录

泰伦说

2003年参加莉莎的课程时，我第一次了解刻印技术。当时的我根本不知道何为刻印。两个小时过后，我非常惊讶——在一小节课里，凭借一把锤子、钢制印模和板坯就可以做出如此精美的个人首饰。

2012年的秋天，莉莎为我提供了Beaducation公司首席设计师的职位。由于我久不练习，刻印的作品也就如此。但是莉莎一直督促我工作。几周后，我的刻印技术得到巨大的提高。我的刻印经历恰恰说明了一个道理——熟能生巧。无论你是新手还是专业人士，你都会在这本书里发现很多有用的提示与技巧。我和莉莎两个人花了无数时间和精力，因此我们很高兴能一起合著本书，在这里与大家一同分享。

莉莎说

正如泰伦所言，我们第一次见面是在一家珠宝店里。她立刻引起了我的注意，因为她是我所见过的最有创造力的人。她来为我们公司工作的那一天是个重要的日子。我很幸运能有她这样的员工。短短几周后，她的刻印技术就超过了我。她能创作出许多新的印模，我简直无法想象！只要有材料和工具，就能诞生杰作。她就是这样的人。她的这种创新精神不断激励着我，我很荣幸她同意与我合著此书。我们很高兴能将我们在金属刻印方面的一些提示、技巧和图案设计介绍给大家，也欢迎大家阅读这本书。现在拿起工具，让我们一起体会其中的乐趣吧！

第一章

工具与材料

　　要想开始刻印，就必须准备一套基本工具。一旦工具在手，就可以制作出无数印模，后面要做的只是随时补充所需要的金属材料。

刻印工具清单

☐ 黑化方法/耐久性记号笔 **A**

☐ 锤子 **B**

☐ 护目镜 **C**

☐ 印模胶带 **D**

☐ 打孔机 **E**

☐ 练习所用的金属 **F**

☐ 抛光垫**G**或优质的钢丝球

☐ 台板**H**

☐ 图案印模（见下一页）

☐ 抗噪耳机

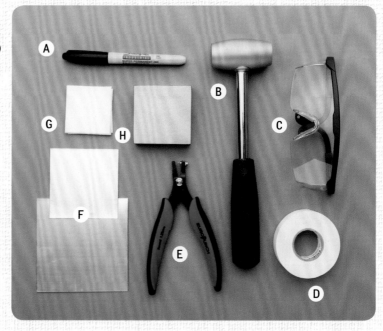

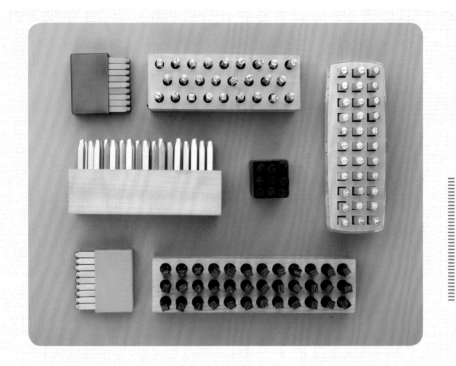

提示： 数字印模6和9是同一块印模，只需要将数字6倒过来就可以印出数字9。

印模

你最需要的工具就是印模。如果你像我们一样，那你一定会爱好收集印模。拥有这么多模型和字母印模真是太神奇了、太有趣了。记住你购买印模的用途。如果你要在不锈钢上刻印，那需要购买可以在不锈钢上刻印的印模。如果刻印清单里没有提及这种印模，那你需要假设这种印模是无法在不锈钢上刻印的。如果你使用的印模不适合用在不锈钢上，那么在这种坚硬的金属上敲击时会导致印模钝化、扁平化。还有一些用在皮革上的金属印模，这些都不适合在金属上刻印。

字母或数字印模

你可以找到各种字体、大小和品质的字母和数字印模。莉莎的第一本书出版后，只有少数可选的字体，但是现在我们有数百种字体选择。我们更喜欢隔离箱中最优质的印模。它们是用优质的钢材制成的，印模上的标记可以显示刻印时如何放置字母。总体而言，美国制作的印模成本高，但质量好。

图案印模

图案印模有各种各样的形状、图形与大小。你可以在作品中增加图案，体现你的性格、爱好。在这本书中，我们可以设计多款首饰，让你知道如何通过图案印模去制作精美的图案。和字母印模一样，图案印模的品质各异。你必须找印痕清晰、有标志的图案印模，便于准确地进行编排设计。

大多数的图案印模要么是刻在金属上，要么是印在金属上。下图中的印模就是刻在印模钢上的。

有许多艺术家仍旧手工制作或打磨印模。在本书的材料部分，你会看到一些由艺术家手工制作的优质印模。

护目镜和抗噪耳机

当你使用锤子和印模刻印、切割、钻孔、打孔，或使用化学溶液等进行加工活动时，一定要戴护目镜。保护好你的眼睛非常重要。保护眼睛的同时，要佩戴抗噪耳机以保护你的耳朵免受刻印噪音的影响。如果你将台板放在沙袋上，你就可以减轻噪音，但这不是必须的步骤。

提示： 图案印模的细节比字母印模更复杂，同时也更难均匀刻印。如果你发现很难制作图案印模，可以将锤子换成2磅（907克）重的。有时手工刻印坚硬的图案印模需要2磅到3磅（907克到1.4千克）重的锤子。当你要使用大块的印模或立体的图案印模时，可以尝试将金属退火，用厚度为20甚至更厚的金属。

台板

钢制台板是理想的印模台面。金属下面坚硬的表面可以确保印模清晰，而其他台面会吸收冲击力，导致压痕变弱。钢制台板尺寸、形状各异，我们最喜欢的是2.5英寸（6.5厘米）和4英寸（10厘米）的方形台板。要确保台板干燥、平滑。如果台板生锈、有刮痕或有凹痕，都会影响你所用的金属。

手工印模

锤子

你使用的印模锤重量应该至少1磅（454克），最好是铜头锤。黄铜质地柔软、密度大，因此锤击有力。所有商用印模都使用我们钟爱的黄铜锤，但在制作手工印模，尤其是要出售的印模时，使用钢锤更有效。

印模胶带

当你要编排字母印模时，厚胶带就可以派上用场。用胶带将字母的底边粘住，可以防止字母印模弹起，确保字母印模成直线排列。印模时可以根据实际使用相应的胶带，或者使用可以在上面写字的胶带。清除胶带时要清理干净。

练习所用的金属

用一块金属或一片金属进行练习是个好方法。当你制作新的印模时，可以在这块金属上练习。印模都有各自的特性，尤其是手工印模。在昂贵的金属上刻印前要在便宜的金属上练习，比如千足银。记住，如果出错，就不能修改。如果出错了，不要将其扔掉，可以保留将其储藏。

抛光垫和0000号优质钢丝球

一旦印模进行了黑化处理，需要将表面（凸出部分）抛光、去黑，只将凹陷部分黑化。我们有两种处理方式：

1.使用优质的钢丝球。这种方式可以擦除表面的黑色，让表面保持哑光。然后再使用抛光垫。

2.使用专用抛光垫。这些抛光垫有许多黏合的磨粒，可以去除氧化，实现表面高光泽抛光。这些专用抛光垫和第一种方式中的钢丝球作用是一样的——不让印模受潮。

黑化方法

有很多种方式可以让印痕黑化。最快捷有效的方式是使用耐久性记号笔。

打孔

如果使用的金属胚料没有现成的孔，必须自己打一个孔。打孔很简单，可以使用一些工具来完成。当然，你可以用钻机钻孔，例如手工钻机、轮转机或者是软轴钻机。你还可以选择1.25毫米至1.8毫米不等的手工工具（打孔钳或者是下拧式打孔钳）。下拧式打孔钳可以打出两种不同尺寸的孔。大多数下拧式打孔机会打出1.6毫米的孔（厚度大约为14）和2.2毫米的孔（厚度大约为11）。

首饰制作工具

锤子

做金属刻印首饰时，即使没有太多时间使用锤子，仍然可以使用各种工具进行练习。锤子是你的得力助手，能帮你刻印出漂亮的图案。

刻印锤

铜头锤：如前所述，你使用的刻印锤重量至少是1磅（454克），最好是铜头锤。不要使用珠宝锤，因为这些图案会损坏铜头和锤子。图案印模比字母印模细节更复杂，更难均匀刻印。如果难以制作图案印模，可以将锤子换成2磅到3磅（907克到1.4千克）重的。

其他锤子

修整锤：修整锤的一头扁平、略圆，另一头呈球形。这种锤子通常用于将金属变平或变形。

铆锤：铆锤的一头细小、扁平、呈圆形或方形，另一头细小、呈锥形。

塑料锤和加重尼龙锤：我们经常要用塑料锤压平因刻印而变形的金属。塑料锤和加重尼龙锤都可以用来压平金属，使用哪个取决于你个人的偏好和拥有的锤子类型。

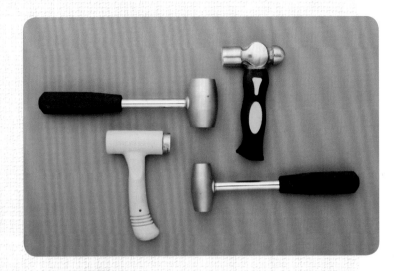

各种铜头锤

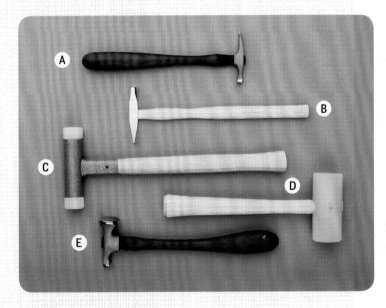

Ⓐ铆锤（常规）Ⓑ铆锤（方头）Ⓒ加重尼龙锤
Ⓓ尼龙锤Ⓔ修整锤

穿孔与打孔工具

有许多工具可以打孔,这取决于你要打多大的孔以及打孔所用的金属的厚度。

打孔钳: 这些钳子一端是打孔需要的钢针,另一端是钳口中对应的孔。钢针通常是可以取出并替换的。打孔钳尺寸各异,包括一种大型的强力打孔钳。打孔钳有七种不同的尺寸: $\frac{3}{32}$ 英寸(2.5毫米)、$\frac{1}{8}$ 英寸(3毫米)、$\frac{5}{32}$ 英寸(4毫米)、$\frac{3}{16}$ 英寸(4.75毫米)、$\frac{7}{32}$ 英寸(5.5毫米)、$\frac{1}{4}$ 英寸(6毫米)和 $\frac{9}{32}$ 英寸(7毫米)。

下拧式打孔钳: 这种钳子有两种不同尺寸的孔。银色一端的孔为1.6毫米(厚度大约为14),黑色一端的孔为2.3毫米(厚度大约为11)。

圆孔冲片器: 圆孔冲片器是一块带有各种尺寸的圆孔的金属台板,用来切割各种圆形金属件。要完成切割,你需要让金属与冲片器上的孔保持一致,然后插入相应的冲头,用铜头锤用力锤击。使用质量好的铜头锤至关重要,便宜的铜头锤制作出来的东西不达标准,纯属浪费金钱。

锉刀

锉刀尺寸、形状、刀头各异,包括重型锉刀、半圆形锉刀、三角形锉刀和扁平锉刀。本书中的大多数作品使用的是中型锉刀。

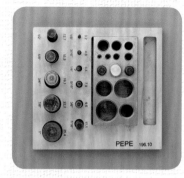

圆孔冲片器

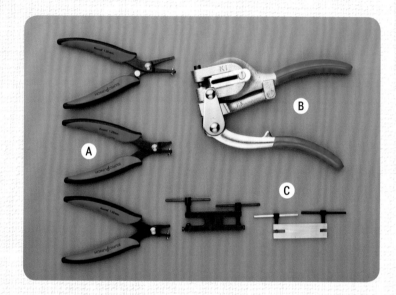

Ⓐ 打孔钳 **Ⓑ** 强力打孔钳 **Ⓒ** 下拧式打孔钳

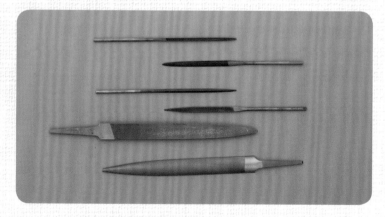

各种尺寸和粒度的圆孔冲片器冲头

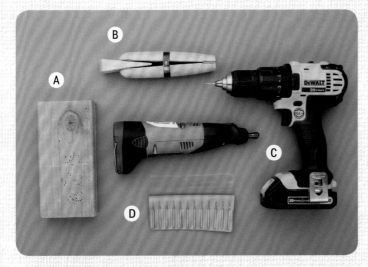

Ⓐ木板 Ⓑ环钳 Ⓒ钻机 Ⓓ钻头

锯切工具

珠宝锯：切割金属片或金属管时，可以使用带锯条和固定式锉座（图中不显示）的珠宝锯。锯条长短不一。我们在书中使用的是长度分别为四英寸和两英尺的锯条。

切削润滑剂：在锯条或圆孔冲片器的切割端使用切削润滑剂，可以让切割更为顺利，要注意保持切割工具的锋利性。

金属剪：这种金属剪就像剪刀一样，可以切割金属片。

钻孔工具

钻机与钻头：珠宝制作中最普通的钻机就是软轴钻机和轮转机，钻头的尺寸也各不相同。

环钳：当你需要紧紧地夹住环状物或较小的金属物时，可以将这种木质环钳拿在手里，或是固定在台板上。

木板：这种木板用作钻孔的台面。

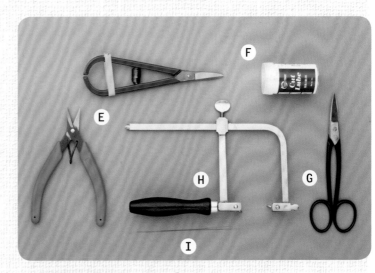

Ⓔ金属剪 Ⓕ切削润滑剂 Ⓖ金属剪（剪刀剪）
Ⓗ珠宝锯 Ⓘ锯条

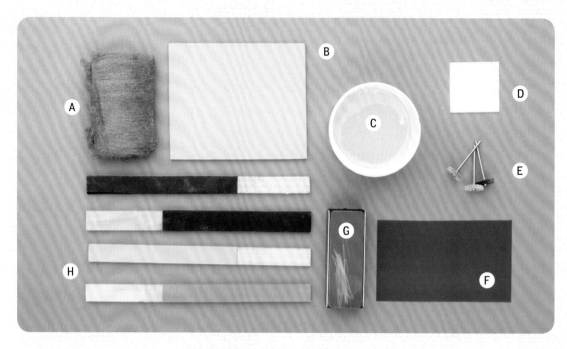

Ⓐ 钢丝球 Ⓑ 干湿海绵磨块 Ⓒ 砂碟 Ⓓ 专用抛光垫 Ⓔ 辐板 Ⓕ 砂纸 Ⓖ 打磨砖 Ⓗ 砂棒

抛光工具

砂纸、海绵磨块或砂棒：这些工具用于最后的抛光工序，在五金或涂料店铺都可以找到。

辐板：在小型的旋转心轴上叠3—6个辐板就可以使用轮转机或软轴。辐板有多种尺寸，如粒度为80的（黄色）、粒度为120的（白色）、粒度为220的（红色）、粒度为400的（蓝色）、浮石（粉色）、5微米的（桃红色）和1微米的（绿色）。

砂碟：这是去除耐火氧化皮最好的工具。稍微用点力就可以使用海绵磨块进行打磨。砂碟里的不含磷肥皂含有食用级柠檬酸，因此使用完之后可以将其冲到下水道，不需担心环境污染问题。虽然瓶口写着不要用在银器上，但是生产商确定可以这么使用。为了避免损坏金属表面，他们提示需用温水冲洗，这样可以将表面的残留物彻底冲洗干净。

0000号钢丝球和抛光垫：钢丝球和抛光垫用于去除氧化，这些工具在五金或涂料店铺都可以找到。

专用抛光垫：要找那种有黏合的微小磨粒的抛光垫。这些抛光垫有许多黏合的磨粒，可以去除氧化，实现表面高光泽抛光。这些专用抛光垫和钢丝球的作用一样——不让印模受潮。

打磨砖：打磨砖每一面的砂纸粒度都不一样。

钳子

尖嘴钳: 尖嘴钳里面的钳口是扁平的,可以用来夹住或处理金属丝。

扁嘴钳: 当要打开或闭合扣环时,这种扁嘴钳非常有用。

圆嘴钳: 圆嘴钳用于制作圆环和环状物。

剪线钳: 用于剪切钢丝,剪切完的丝线一端几乎不会留下夹痕。

缠绕钳: 这种工具有三个桶状的、阶梯式的圆嘴(图中显示两种尺寸的钳子)。缠绕钳用于制作圆环或大圆圈。

尼龙嘴钳: 钳嘴用尼龙制成,剪切丝线时不会损坏丝线。尼龙嘴钳用于拉直丝线。

重型刀: 选择使用可以切割厚度为12或是1.5厚的重型刀。如果使用这种重型刀,最好在刀片背面进行切割(靠近接合处,而不是尖儿)。

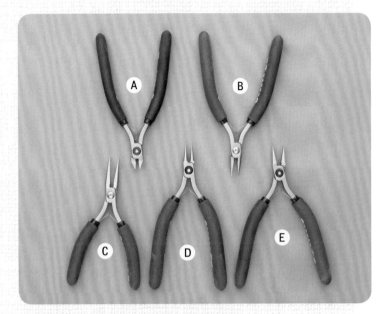

Ⓐ剪线钳 Ⓑ尖嘴钳(短款)Ⓒ尖嘴钳(长款)
Ⓓ圆嘴钳 Ⓔ扁嘴钳

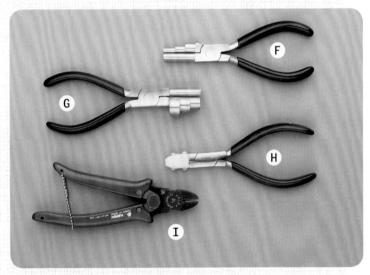

Ⓕ中型缠绕钳 Ⓖ大型缠绕钳 Ⓗ尼龙嘴钳
Ⓘ重型刀

塑形工具

锥形钢戒指铁与手镯铁：戒指铁和手镯铁表面坚硬，可以用来塑形、形成纹理、改变大小或固定戒指和手镯。为了将其支撑起来，可以将它们放在一个或两个沙袋上。

沙袋：置于台板下方比较好。沙袋防滑，锤击时可以形成强大的阻力。同时，沙袋可以钝化锤击，降低锤击声音。

尼龙弯管钳：这种钳子的头由尼龙制成，可以防止损坏金属。用尼龙嘴将金属挤压就可以改变它的形状。手镯弯管钳轻轻地弯曲就可以制成手镯形状，而戒指弯管钳则需要用力弯曲才可以转成紧实的戒指形状。

弯镯棒：这种快速、简便的工具通常用来固定平面金属的一端，而另一端要向上拉，翻过来，卷成袖口的形状。重复此步骤，另一端卷成袖口形状。

提示：如果你生活在海边，要把工具放在密封箱里，这样可以防止工具生锈。

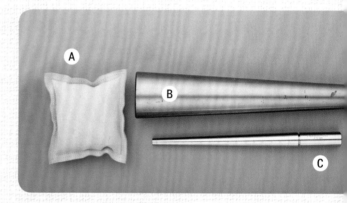

Ⓐ沙袋 Ⓑ手镯铁 Ⓒ戒指铁

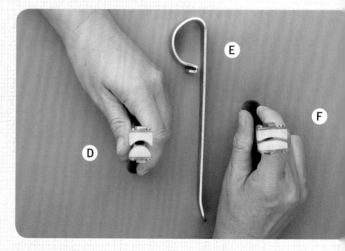

Ⓓ尼龙嘴弯戒钳 Ⓔ弯镯棒 Ⓕ弯镯钳

退火设备

小型喷火器： 用于熔化金属，或是给金属退火。在珠宝店或厨具店可以找到这种设备。它也可以用来制作焦糖奶油。使用喷火器退火时，要在金属下面垫一块窑烘砖（一种轻型的、柔软的隔热砖），然后将其放在金属盘或烘烤板上，需要在旁边放个灭火器。退火完成后，使用镊子和淬火盂冷却金属。

Ⓐ喷火器 Ⓑ镊子 Ⓒ淬火盂 Ⓓ丁烷燃料 Ⓔ窑烘砖

测量工具

圆形模板： 这种模板有各种尺寸的圆圈，每一个圆圈都有指针。在艺术品店和办公用品店都可以找到这种圆形模板。

圆规贴纸： 将这些贴纸放在圆圈上就很容易判断如何或是在哪个位置可以将圆圈二等分、四等分甚至是更小比例的等分。

毫米规： 这种毫米规有英寸和毫米两种刻度。它有凹槽，可以用于内部测量与外部测量，还有一个千分之一毫米的游标，用于测量精准度。

线规： 这种线规可以用于测量厚度分别为8、10、12、14、16、18、20、22、24、26、28、30、32、34的金属丝或金属片。每个槽口都标记了厚度、毫米刻度与英寸刻度。

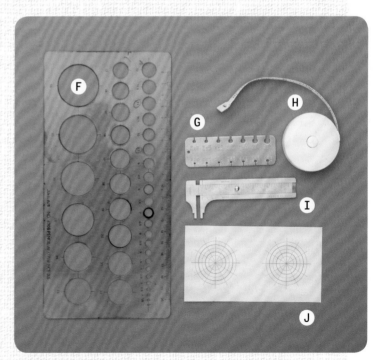

Ⓕ圆形模板 Ⓖ线规 Ⓗ卷尺 Ⓘ毫米规 Ⓙ圆规贴纸

材料

适用于刻印的贵金属

标准银（925）：标准银通常是由92.5%的银和7.5%的其他金属（一般是铜金属）混合而成。

千足银（999）：千足银是纯度为99.9%的银金属。这种金属质地柔软，因此在刻印时锤击的力度要轻一些。

黄金：用黄金制成的预制形状比用千足银或镀金金属制成的预制形状更精细，因为你只能找到基本的圆形，当然，你可以在黄金片上切割出自己想要的形状。黄金很昂贵，所以我们建议你使用镀金金属来代替黄金。如果你要在黄金上刻印，那你的锤击力度应当和在千足银上刻印时的锤击力度相同，因为黄金质地也很柔软。

金属

镀金金属：镀金金属指的是在普通金属上黏合一层黄金。普通金属通常是铜金属，金属芯上包裹着10%的12K或14K黄金（按重量计算）。Gold-filled和gold-plating是不一样的，gold-plating指的是覆盖薄薄的一层黄金，而不是厚厚的一层黄金。镀金金属片出售的时候有单面镀金的，也有双面镀金的。单面镀金的金属片是在金属片的一面覆盖黄金，起到装饰的作用。而双面镀金的金属片指的是金属片的两面都镀金。我们在镀金金属片上刻印时，锤击力度应当与在千足银金属片上的锤击力度相同。

镀玫瑰金：这是一种新的镀金金属，其中58.33%是14K黄金，1%是锌，40.67%是铜。

镀银金属：与镀金金属一样，在铜或者黄铜这样的芯金属上裹上厚厚一层千足银。当银价飞涨的时候，镀银得到行业的认可，进而广受欢迎。镀银是一种经济的选择。

如果你锤击或锯切，会导致芯金属露出来，内外颜色不一致。镀金金属的芯金属是黄铜，所以锤击或锯切后内外颜色看上去会更一致。

其他可用于刻印的金属

虽然书中的设计多使用贵金属进行刻印，但是像铜、镍这样的金属也是可选之材。例如，铜与千足银混合会更好。有一些金属在使用时需要小心：铝金属片可以用来刻印，但由于这种金属较软，刻印时力度要轻。我们不在任何不锈钢上刻印，但是记住，如果你想要这么做的话，只能使用合适的印模在不锈钢上面刻印。

铜：质地柔软、廉价、使用广泛，我们经常使用这种金属。你可以找到很多铜金属质地的预制形状。

镍银：镍银是一种合金金属，由65%的铜、18%的镍和17%的锌混合而成，因外表形似银金属但又不含银而被命名。出售的镍银都是金属片，或者有各种预制形状。因为很多人对镍比较敏感，不太喜欢佩戴由镍制作而成的珠宝首饰，所以我们用这种金属制成各种钥匙扣，饰板或者是非珠宝首饰。

铝：如果你想要银金属那样的外观，那么铝就是一个不错的选择。这种金属不贵，质量轻，有各种形状和尺寸。由于铝质地柔软，因此要找一些有塑料保护膜的胚料，这样可以减少在制作或运输过程中产生的划痕或磨损，刻印前再将塑料膜撕掉。

黄铜：黄铜由锌和铜铸合而成。就像其他金属一样，黄铜便宜，使用广泛。

白蜡：白蜡质地柔软，所以锤击时力度要轻。白蜡是由92%的锡、7.75%的锑和0.25%的铜混合而成。要确保你所找到的白蜡不含铅和镉。

可以用于印模的金属就如同调色板，你可以用来完成各种设计。每一种样式可能因刻印金属的不同而不同，但可以通过宝石弥补这种差异。

由于金属印模非常流行，因此你每天都会看到各种形状的金属。2009年，当莉莎的第一本书出版时，她的公司Beaducation将大约100种不同金属胚料印制成了心形、圆形、方形和长方形4种形状。而现在，他们可以刻印更多形状。

印痕黑化方法

传统的印痕黑化方法就是使用硫肝或者盐酸将金属氧化。黑化剂的品牌有JAX Silver Blackener、Silver Black和Black Max。安全起见，要遵照使用说明，了解这些黑化剂适用于哪些金属，以及如何使用。你也可以使用其他的产品黑化印痕，包括磁漆或墨水。这些产品适用于大多数金属，但是你要用在不会被氧化的金属上，如铝。将这些产品涂在金属表面，尚未完全风干时擦去，然后将金属高凸的部分擦亮。

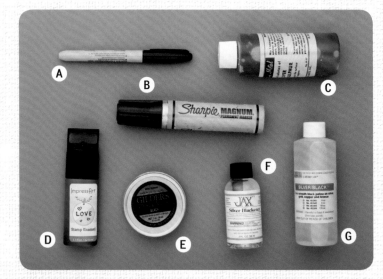

🅐工业耐久性记号笔 🅑大号耐久性记号笔 🅒硫肝
🅓印模漆 🅔GILDERS牌固蜡 🅕JAX牌黑化剂
🅖黑化剂

第二章

基本的刻印技巧和
高阶的刻印技巧

让我们先复习（或者首次了解）成功的金属印刻需要哪些基本技巧。练习期间别忘了放松、休息。

基本的刻印技巧

安全第一

使用锤子和工具时，应该戴上护目镜。五金店里的护目镜不贵，是个不错的选择。

刻印的噪音很大，尤其是如果你工作的台板下方不使用沙袋的话。你可以考虑佩戴抗噪耳机保护你的耳朵。

使用氧化剂时要戴手套、护目镜，并且要在通风条件好的地方使用。

开始刻印

既然你已经搭建好工作平台，也很熟悉刻印工具和材料，那么我们就开始制作首饰吧！在金属上刻印是相当简单的，但是有一些重要的提示能够帮助你制作出精致的印模。首先，你要练习锤击金属。然后，练习对齐。记住，练习时，要在廉价的金属上操作，厚度为20—24的铜片最合适。

1｜确保用重型锤在不锈钢台板上操作。

2｜选一个字母印模，将其拿稳。小拇指靠在台板上，增加稳定性。将锤子拿在你的惯用手里，手指低握锤柄。我们更喜欢握住锤柄的中部，因为锤柄的端部很难掌控。

3｜确保印模与台板之间保持垂直，与要刻印的金属表面也保持垂直。然后轻轻地将印模压在金属上。

4｜使用锤子锤击印模，确保锤击时锤头垂直落下，直击印模的死点（**见图1**）。如果你用锤子锤击的是非死点部分，那么你只能对印模的一边进行刻印。

5｜对字母印模反复进行刻印练习。锤击一次，然后将印模挪到新的位置，再次锤击。你要了解你需要使用多大的力度才能将印痕锤击得清晰、均匀，多锤击一次没问题，但是手要稳，不能乱动。

6｜如果你刻印力量太小，印痕就会不太清晰，但是氧化步骤将印痕抛亮。如果你刻印力量太大，非常有可能

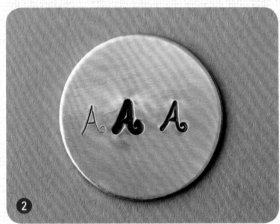

会导致金属印模的边钝开，字母印模两边的角会受损，线条会变得过深，字母也会变得不清晰。锤击力量过小与力量过大的结果，右边的锤击效果刚好（**见图2**）。

保持对齐

既然你开始锤击，就要保持对齐，即保证你的字母印模在一条线上，字母与字母之间也要保持适当的距离。还是先到你的铜片上进行练习，在铜片上画一条直线。将字母多刻印几次以保证字母对齐，这看起来容易，但做起来难。字母并非总能在印模的中间位置，因此将印模的柄部对齐并不会起作用。你应该在刻印前先观察好每一个字母。美国产的优质印模组中的字母就在中间的位置，因此可以实现这一点。将整个印模组刻印在一张铜片上，然后将这张铜片作为刻印的参考，并思考首饰作品中的印模要如何设计。

③

④

这里为大家提供更多的技巧：

1 ｜ 使用一块软布将金属擦拭干净、光亮。

2 ｜ 将印模放在金属上方，观察字母在金属中的映像。将印模放下，然后将其向左倾斜，同时确保印模的左边与金属保持接触（**见图3**）。瞥一眼印模的下方，确保印模恰好在你想要的位置，将印模往回倾斜，开始锤击。

3 ｜ 用厚胶带或印模胶带将金属粘到台板上，将胶带边缘置于字母底部对齐的位置，以此作为字母刻印的参考。接着将印模放在金属上，轻轻地向下滑动，直到你感觉到字母的底部抵到胶带的边缘，然后开始锤击（**见图4**）。

4 ｜ 这些都是行之有效的方法，但是唯一不变的办法就是反复练习。

居中方法

要想将单词刻印在金属的中心位置，首先要写出刻印的单词，给每个字母编号。找到单词中间的字母，再找到胚料的中心位置，开始刻印。然后向右刻印，再向左刻印。

例如，如果我要在1英寸（2.5厘米）的圆形胚料上刻印单词"believe"，我要先在圆形胚料的正中心刻印字母"i"，然后向右刻印"eve"，再依次向左刻印"l"、"e"和"b"。字母反过来拼写很难，所以一定要参考你写出来的单词版本。

对于长一点的内容，也许是一句你想刻印在手镯上的话，你要先把这句话完整地写出来，然后给每个字母编号。单词与单词之间的空格用两个数字编号，图案印模要用适量

的数字编号。有一些图案印模会比较长，因此要使用两个数字，然后找到这句话的中心，从手镯正中间开始刻印。

用图案印模刻印

使用图案印模刻印要比使用字母印模的难度大。印模的图案越多，就越难精准刻印。刻印时，我们要匀速移动金属，而不是移开金属。

这里为大家提供一些使用图案印模刻印的建议：

1｜ 每一种图案印模都有各自的特性，因此当你拿到新式的图案印模，想在贵金属上刻印之前一定要反复练习。

2｜ 确保台板上没有衬料。衬料会弱化锤击力度，导致图案较浅。我们在台板下垫

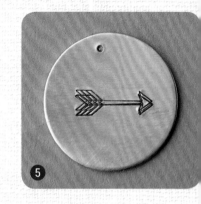

了一块叠好的抹布，导致刻印的图案较浅（**见图5**）。

3｜ 要确保使用的桌子平稳。不平稳的桌子或是厚地毯上的桌子，会反弹或吸收锤击力量以保持稳定。

倾斜-轻击法

如果你依旧觉得用图案印模刻印很难，那就考虑使用我们的"倾斜-轻击法"。

1｜ 将印模握在比较稳的手里，然后轻轻地摁在金属上，用你的锤子敲击一次。

2｜ 将印模稍微向右倾斜，然后锤击，不需要移动印模。

3｜ 现在稍微向右倾斜，并向你这一侧倾斜，然后锤击。

4｜ 继续按此操作，每次改变一下倾斜的角度，以圆周运动的方式移动，直到最后一次倾斜离你稍远一些。完成6到8次这样的倾斜-轻击，你就可以非常成功地完成刻印。

提示：

■印模倾斜得不要太厉害，否则你会将印模的边缘刻印在金属上。

■每一次倾斜时，不要太用力锤击印模。使用倾斜-轻击法时，中阶力度的锤击最为合适。

熟能生巧

你确实听过无数次了，但是熟能生巧的确是事实。我们可以用一小块金属进行练习。即使我们是经验丰富的印模专家，我们也会在一小块金属上反复试验、练习之后才会在更优质的金属上刻印。

如果你不确定图案印模是否适合某种胚料，你可以用一块卡片材料或铝片进行试验。将铝片或卡片放在台板上，用尼龙锤轻轻地锤击印模，将印模印在上面。你要轻轻地锤击，毕竟你不想让印模钝化，或者让下面的台板受损。

提示： 在铝片上刻印时，你可以将印痕黑化、抛光，剪出来，然后就可以做成酷炫的贴签。

如何确定字母是否适合

如果你不确定某个单词是否适合某块胚料或某一空间，可以按照上述的方式，在卡片材料或铝片上进行试验。

在这款设计中，我们无法轻易地将单词STRENGTH置于左边的圆形胚料中，因此我们需要更大的圆形胚料或者更小的字体（比如在右边的圆形胚料中使用的字体）。

铜片恰好1英寸（2.5厘米）宽。我们在这块胚料上刻印我们最喜欢的字体，这样我们就可以以此为参考来确定一英寸到底适合刻印多少个字母。

如果你尝试将一整句话刻印在一块长链胚料上，例如将你最喜欢的字体印在1英寸（2.5厘米）的空间上，可以先数一数这句话里有多少字母和空格（空格指的是两个单词之间的距离，一个空格算作两个字母），然后使用这1英寸的胚料去计算是否所有的字母都能刻印上去。之后从中间开始，向两边刻印。反过来拼写很难（向左刻印时），因此你要写出整个句子，然后依次向左刻印。

配饰性诞生石

　　在印模坠饰上挂一粒彩珠或诞生石珠子是一种非常流行的做法。有很多方式可以将诞生石配饰上去：用胶水将其粘在平整的背面，用金属丝将宝石珠子或水晶珠子缠绕起来，或者挂在预先做好的坠饰上……

有关诞生石的设计理念

诞生石图表

月份	宝石
一月	石榴子石
二月	紫晶
三月	海蓝宝石、血滴石
四月	钻石
五月	绿宝石
六月	珍珠、月长石、变色宝石
七月	红宝石
八月	橄榄石
九月	蓝宝石
十月	猫眼石、电气石
十一月	黄玉、黄水晶
十二月	绿松石、锆石、坦桑石

印痕的黑化与抛光

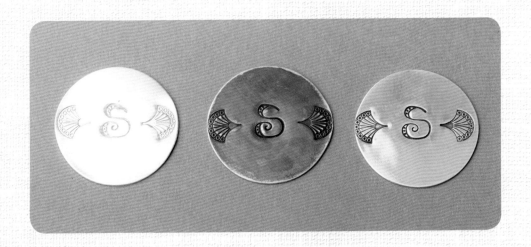

黑化与抛光刻印的金属可以增加印痕的对比度，更加凸显图案，便于辨认词语。上图展示了氧化和抛光前、中、后的刻印形态。

黑化方法

为了使金属氧化，我们使用下面给出的任意一种氧化剂。这些溶液与金属发生反应后，会导致金属表面灰化或黑化。我们也提供了另外的方法，你可以尝试。

使用氧化剂时要戴手套，并在通风条件好的地方操作。确保金属干净，油彩笔、油性笔或耐久性记号笔笔印可以防晕染。将氧化剂放在密封的容器里，放在阴凉的地方，远离工具或其他的金属材料。

硫肝

硫肝是一种硫化钾混合物，通常是液体和块状形态。产生的烟气是有害的，气味难闻，因此在通风的地方，尤其是室外操作至关重要。

1 | 在热水（不是开水）里混合小剂量的硫肝，然后小批量使用。如果使用块状的硫肝，要在1—2杯（237—474毫升）中稀释一块豌豆大小的硫肝。如果使用液体硫肝，那么每4杯水（946毫升）配1勺硫肝（5毫升）。

2 | 金属在温度较高的情况下更容易形成氧化膜，放入硫肝液之前，先将其浸泡在热水中。

3 | 用筷子、塑料器具或者手套将金属从热水中取出，放入硫肝液。

4| 必要时，将金属放在液体中，用非金属器具（例如塑料勺）快速翻转或搅动，使得金属完全浸泡在硫肝液中。

5| 在液体中需要浸泡30秒至几分钟，使之完全氧化为深灰色。从硫肝液中取出后，再将金属完全泡在冷水中。

6| 接下来，按照下面的抛光步骤进行操作。

硫肝液适用于千足银、标准银、青铜和铜金属。铜金属黑化的速度要比标准银黑化的速度快，因此要么使用稀溶液，要么就浸泡的时间短一点。硫肝液也适用于镀金金属，但是在浸泡之前，这种金属的温度必须足够高。

盐酸液

盐酸液有各种品牌，包括Silver Black、Black Max、JAX Silver Blackener和Black Magic等。如果这种液体接触到皮肤或吸入由其产生的气体，毒性要比硫肝液更强，因此使用时要格外小心。

要使用浓缩的盐酸液，不需要加水勾兑。与硫肝液不同，你不需要将金属长时间浸泡在盐酸液中，金属可以瞬间氧化。你可以将金属蘸一下之后就取出来，金属马上就会变黑。盐酸与金属的反应比较激烈，如果是氧化大块的首饰，我更倾向于使用硫肝液。就刻印而言，盐酸液是不错的选择。就印模而言，氧化剂只适用于字母印模和图案印模。

要想使用盐酸液进行氧化，需要遵循以下步骤：

1| 戴手套，然后拿着金属。

2| 将棉签的头部放入Silver Black牌盐酸液或其他盐酸液中，然后用棉签在金属印模上轻拭，将棉签的头部用力向下摁，让液体能够渗入金属印模。最后迅速将其浸泡在一碗泡有苏打粉的冷水中。棉签丢弃前也要浸泡在冷水中。

墨水或油漆

你也可以使用墨水或油漆（例如磁漆）黑化印痕。在金属或印痕表面涂上墨水或油漆，等其风干，然后用纸巾轻轻擦拭，让墨水或油漆保留在印模中。通常，你可以将表面的黑渍擦除掉。注意，虽然记号笔也是我们喜欢的一种方法，但是它会褪色，尤其是戒指，经常与皮肤接触会被擦除掉。油漆会很好地被保留下来，但是会有破损，因为它只是金属表面薄薄的一层。我们不是吓唬你，这些都是很好的黑化方法，我们只是想事先告诉你什么会导致他们褪色。

典型的印材 金属	盐酸液	硫肝	墨水或油漆
标准银和镀银金属	✕	✕	✕
铜		✕	✕
黄铜			✕
镀金	✕*	✕	
白蜡			✕
铝			✕

*如果使用钢丝绒的话，盐酸液就可以适用于镀金金属。将镀金金属浸泡在盐酸液中，用裹有些许钢丝绒的棉签进行擦拭。

抛光
....

如果金属黑化, 或者准确说是深灰化, 可以将表面抛光, 让颜色只保留在印痕里。我们喜欢使用磨砂垫, 通常是专用磨砂垫。这些预先处理好的方块包含微磨粒和抛光剂, 在抛光的同时可以去除金属表面的黑渍。

另外一种普遍的做法是使用0000号优质钢丝球去除金属表面的黑渍, 接下来用细砂布擦拭, 但钢丝球有时候会留下刷痕。如果你喜欢这种刷痕, 那就用粗粒的钢丝球或钢丝刷。

我们最喜欢的抛光方法之一就是使用辐板。使用时将它们固定在小型旋转轴钻头上, 然后将这种钻头装在旋转工具上, 例如琢美牌电磨机、家用钻机或者是钻井机。这些圆盘上的钢毛粒度不同, 抛光均匀, 将它们轻轻地摁在金属表面(**见图1**), 但一定不要将钢毛摁进印痕, 否则会将里面的黑渍也清理掉。

①

其他方法

如果你有玻璃杯, 可以将抛光金属放在玻璃杯内, 添加一些钢钻粒, 滴几滴光亮剂, 就可以实现高亮的镜面抛光。

金属胚料是原材料, 其表面可能会有污渍或轻微的划痕, 使用这些抛光方法就可以在刻印前将其表面清除干净。

高阶的刻印技巧

设计多样的名字坠饰

我们经常可以看到大家佩戴印有自己名字或所爱之人名字的坠饰，这种圆形坠饰是最普通的，但却是最受欢迎的。这种经典设计不会过时，而且意义深刻。经常看到的款式是一个名字，或一个名字外加一颗爱心。其实我们有多种可用的印模，所以为何要止步于制作这种简单的设计呢？增添一些体现个性、兴趣或爱好的印模，或者增添一些漂亮的印模，会让名字坠饰增趣不少。我们每个人拿八件圆形坠饰，按照自己的方式往圆形坠饰上制作名字（EMMA）印模，根据自己喜欢的方式增添印模。当回看这些成品时，我们都感到高兴，因为我们两个人都很有创造力，并被彼此的设计所激励。

你也会注意到我们并未在圆形坠饰的顶部打个典型的孔，然后再穿一个扣环。这是你可以改造设计的又一个机会。或许你可以打个更大的孔来穿扣环，或者打两个大孔来穿链子。你有多种选择！

以不同的方式来看待印模

我们通常只是直接使用图案印模。例如，我们可以直接使用鸟笼印模，印模看起来很漂亮（我知道为何笼中之鸟会鸣唱），但是如果上下颠倒、角挨着角进行刻印，那么你会发现印痕的边缘很有趣。要是你以圆圈的形式进行刻印会怎么样呢？会印出太阳花的样式。以不同的方法使用印模时，最后会呈现完全新颖的样式（见图1）。

从不同的角度来看你使用的字母印模组。当然，刻印单词时，字母看上去仅仅是字母，但是如果你配以图案，那么字母印模就变成了图案印模（见图2）。

利用你最喜欢的印模，然后以不同的方式进行刻印就可以解锁这种设计的无限可能性。反面刻印时，我们在圆形坠饰中间印一个字母"A"，然后用20种不同的方式使用花束印模。实际上，我们还可以刻印得更多。同时，我们保证所有的印痕都是从一种印模中刻印出来的（见图3）。

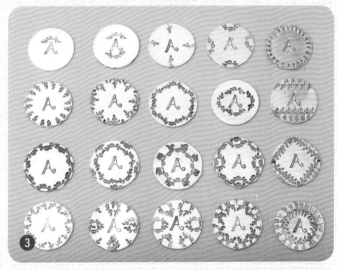

你要去尝试使用多种方式练习刻印一种印模。你会为自己创造性地使用印模刻印出作品而感到惊喜。这种练习足以让你成为一名优秀的刻印大师。

以不同的方式看待胚料

可以将多种金属用作刻印胚料，并且可以刻印各种形状。不要将设计局限于某一种形状的胚料，可以对胚料进行剪切、打孔、折叠或倒挂，在中间打一个大点的圆孔可以做出垫圈的形状。你的循环利用箱里有字母印错的胚料吗？为何不将胚料中那部分剪切掉呢（用大剪刀或珠宝锯）？这样的话剩下的部分将是全新的、有可能是形状酷炫的胚料。有时候你在胚料上刻印的方式也会改变胚料的形状。例如，在叶形胚料上刻印，最后可能让胚料看起来像羽毛。

边缘刻印

当我们在胚料中间留出完美的空白处来刻印单词，增添另一种图案或留白时，边缘刻印的确可以对胚料的外缘进行勾勒。边缘刻印是我们使用半图案印模的好时机。只需将印模放在胚料的边缘，然后把你想要刻印的那部分图案印在上面。虽然半图案印模无法识别，但是由于印模图案多，因此这是一种很漂亮的样式。在锤击时，不要将印模倾斜，否则那会使你将其印在台板上，会损坏你的台板，更会钝化印模。

刻印前要遵循一些步骤。怎么有利，就怎么来操作。

1 | 观察胚料。

2 | 在胚料里面画一个圆圈作为参考，然后将印模与中间的线圈对齐。

3 | 将印模与胚料上的标记模配对。

4 | 根据实际情况做出标记，刻印时需要用工具依次对齐。

福利小提示： 刻印时如果用力过猛，边缘可能会变形，如果情况好的话，会形成扇形边。如果边缘刻印变形不是你喜欢的样式，那就使用锉刀锉削变形的地方。

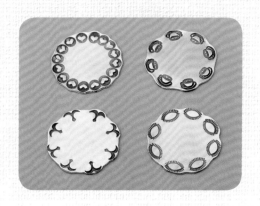

对半刻印

对半刻印不同于边缘刻印，因为对半刻印只是将部分的图案印在胚料的任意位置，这与边缘刻印是不同的（你可以进行有力而均匀的锤击，因为部分图案印在胚料的边缘）。需要稍加练习，才能印出连贯的对半印痕。

就对半刻印而言，你必须将印模按照你的需要进行倾斜。例如，如果你用的是心形印模，那你可能需要将心形顶部的弧线印出来。在倾斜印模后，用锤子从相同的角度锤击印模，重要的是要小心地、连续地锤击，可以在一片金属上先尝试一下。印模越倾斜，刻印的图案就越淡。

曼陀罗刻印

这是我们最喜欢的一种技巧，在本书中也多次使用。曼陀罗是一种复杂的、抽象的、呈圆形的图案。"Mandala"是一个梵语词，表示"圆"的意思。曼陀罗呈现的是视觉平衡元素，强调和谐统一。曼陀罗通常有一个明显的中心点，然后向外延展出多排象征符号、形状和样式，曼陀罗印模简单、有趣、不受限制。上网搜一下"曼陀罗图案"，你会看到很多有启发性的复杂图样。

你可以使用各种形状和尺寸的模具制作曼陀罗印模。边缘空间很大的话，可以使用较大的图案印模。当你往里面刻印时，你要使用越来越小的印模，如句点、小圈、小型字母（如字母o和字母c）、小型图案（如心形、螺旋形或星形）。操作过程中，刻印会确定形状，而空白处会让你知道接下来该选择哪种形状。

让我们尝试一下曼陀罗印刻法

1 | 使用6个1.25英寸（3.2厘米）的金属圆片。铜和铝金属是最容易操作的。这里，我们用的是黄铜。

2 | 拿6—8个不同尺寸、不同形状的印模。

3 | 用圆规将圆片分成四等份。

4 | 用较大的印模在圆片的外缘刻印。先将印模印在四等分点处，将四个四等分点看作是东西南北四个方向，分别在四个方向的中心点处各刻印一次。

5 | 在这些印痕中进行填充。

6 | 如果你认为这款设计需要明晰的空间，那就在正中心刻印。

7 | 以边缘刻印层为参考开始内层的刻印。可以在印模中间刻印，或者在印模的凹槽处刻印，甚至可以跳过几处。

8 | 如果有空间，在每个印痕之间可以多刻印几次，必要时可以缩减印模的大小。

9 | 把整个圆片都印满。

如果你使用的金属圆片质地较硬，不太容易操作，你可以试着对圆片进行退火处理，增加圆片的韧性，这样圆片表面刻印起来会更容易一点。

上图是我们制作下图刻印图案中使用的印模。

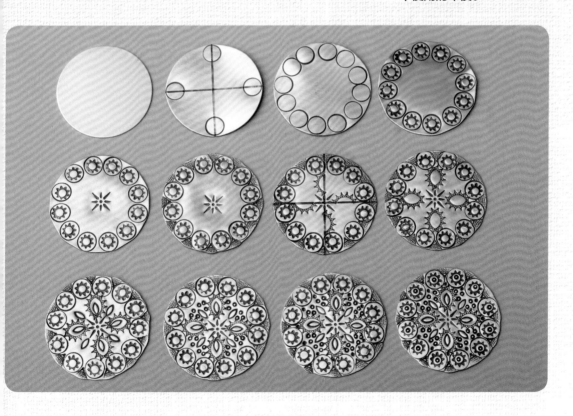

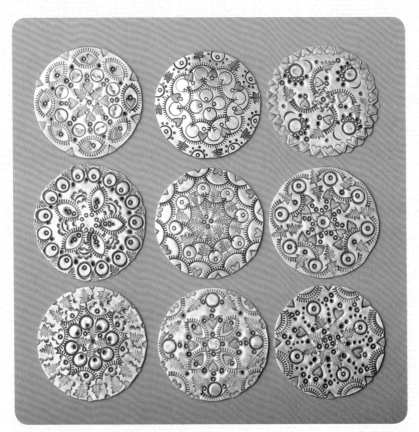

左图这九种曼陀罗图案是用上图的六种印模刻印而成的。每一种曼陀罗图案中，我们只是改变了印模的顺序。这是一种实用的、超级有趣的练习。

如果是这种情况的话，不必担心要给金属退火，需要时可以去做。当空白处变形时，用尼龙锤将其锤平。

提示：

■ 如果你觉得无从下手的话，那就拿一种印模在一块胚料的边缘刻印，然后拿一种印模在另一块胚料上刻印。不要过多思考，去做就好！更重要的是要熟悉这种技巧，用新颖的方式去制作你自己的刻印图案。

■ 你可以将小型图案印模连贯地刻印在一起，形成更大的图案印模（如花团锦簇般）。

■ 虽然我们更喜欢由外向内刻印，但你可以自我挑战一下，将圆片金属四等分后，由内向外刻印。

■ 如果一开始的刻印导致胚料拱凸或变形，那么就在台板上用塑料锤或牛皮锤将其锤平。

■ 使用句点印模或任何一种小型图案印模在胚料的边缘刻印一条镶边。

第三章

金属丝制作的基本技巧

基本的金属丝制作技巧可以成就一款首饰，也可以破坏一款首饰。封口完美的扣环和定制的耳钩呈现的只是一种基本技巧。

打开与闭合扣环

要想打开扣环，就得使用尖嘴钳（或者是弯曲的尖嘴钳）和扁嘴钳。夹住扣环两边，用两把钳子将扣环底部的中间拽开时，要尽可能地夹紧扣环，以便你能向下看到扣环的孔。握钳子的手将扣环夹稳，另一只手向外侧旋转。将端口处向外转动时就可以将扣环打开（**见图1**）。不要将端口处向同一平面拉，因为这会导致扣环变形，无法恢复到原来的形状。

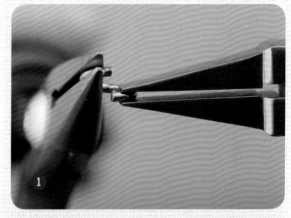

要闭合的话，沿反方向重复同样的动作，将端口往回拉。两把钳子稍微转动一下，确保端口紧紧闭合，中间不留空隙（**见图2**）。

制作耳钩

耳钩制作简便，成本不高。

1 | 首先剪切两段厚度为20的金属丝，每段长2.5英寸（6.5厘米）。

2 | 在金属丝一端做一个单环，单环的形状为字母"P"（**见图1**）。

3 | 将金属丝放在阶形圆嘴钳的下颚中间，绕成钳桶的尺寸，形状"P"的部分朝向你这一侧。金属丝紧贴钳子，长尾一端要超出顶部。将尾端向上推过钳子，然后向下与另一端贴合（**见图2**）。

4 | 用尖嘴钳或圆嘴钳夹住金属丝的尖部，轻轻地向上扭（**见图3和图4**）。

5 | 在另一端金属丝上重复此操作。

6 | 用锉刀或砂纸轻轻地锉削端口，使得端口圆滑。用尼龙锤锤击台板上的金属丝，将金属丝硬化。

制作绕丝环

本书中的作品是平头针上串一颗珠子，然后通过丝线缠绕闭合。这种技巧可以用来制作通过缠绕闭合的链环和落珠，因为这样不会被拉开。

1 | 将珠子串在平头针上[（通常是厚度为22或24，长度为2英寸（5厘米）的平头针）]。将尖嘴钳置于珠子上方，用钳子最细的部分将其夹紧。推挤平头针，朝钳子一侧扭转。制作圆环后，下方那段空白处恰好可以用于缠绕（**见图1**）。

2 | 将圆嘴钳的一边放在丝线顶部新折弯的地方。

3 | 将丝线向上拉，超过圆嘴钳的顶端。用钳子夹紧，轻轻地将做好的圆环向前扭动，确保圆环置于平头针的中间位置。扭动之后，尾端线要与珠子呈90°（**见图2**）。

4 | 取掉圆嘴钳。如果你要将其他的饰物连到圆环上，现在正是好机会。轻轻地将圆环打开，

将其移到链子上。用平嘴钳的钳嘴将圆环夹扁（不要使用圆嘴钳，因为它会破坏丝线），用手或其他钳子夹紧线尾，在平头针丝线周围缠绕2—3圈（**见图3**）。用一副尖利的钢丝钳裁剪线尾。如果线尾突出来的话，就将其摁下去（**见图4**）。

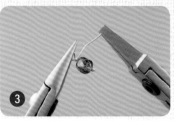

第四章

辅助的金属制品制作技巧

以下技巧可以反复用于多种不同的作品。有时很简单的制作就可以让一件作品看起来与众不同。

穿孔、打孔、钻孔

学习在金属上打出光滑、精准的圆孔有助于固定并连接各种形状。以下是我们喜欢的工具。

打孔钳

使用打孔钳是在金属上打孔最快捷、最简便的方法。这些钳子最适用于厚度为20甚至是更薄的金属。打孔钳尺寸各异，有些打孔钳的钢钉可以替换，以防止钢钉钝化或损坏。使用这些钳子时，用一块塑料网或一张薄纸垫在钳子和金属片之间，可以防止钢钉损坏金属。

打孔钳也是金属边缘打孔的最佳选择，但是钳头大小会影响钳子的打孔范围。如果要想在圆片中间打孔，要用钳嘴较长的打孔钳。打孔前使用耐久性记号笔在金属上标记位置，可以达到最佳的效果。

如果仔细观察一下使用的打孔钳的钢钉，你会发现它是斜面的。确保斜尖与你所标记的圆点外侧对齐，让整个钢钉都在中间位置（**见图1**）。

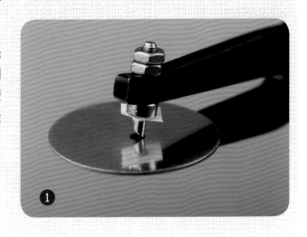

①

下拧式打孔机

下拧式打孔机与打孔钳相似，但是它可以用于厚度为14的金属。下拧式打孔机采用的是旋拧的方式，向下将金属拧穿来打孔，而不是依靠钳子挤压进行打孔（**见图2**）。

钻孔

相较于打孔钳或打孔机，像旋转工具或软轴工具这样强大的工具，可以让你选择不同的钻孔位置和钻孔尺寸。然而，这些工具需要更多的安全防范措施。使用钻孔机时要佩戴护目镜、戴保护手套或者用环钳夹紧金属，以防钻孔期间金属片加热而烫伤手。

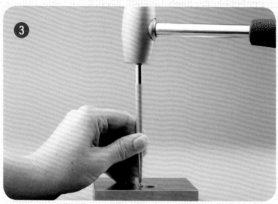

1 | 要钻出想要的孔，就要选择尺寸合适的钻头，将其放在旋转或软轴工具里。确保钻头牢固地装在工具里。打开工具，快速将钻头浸入切削润滑剂，让钻头裹满润滑剂。

2 | 用冲子在金属上刻印以标记孔的位置（**见图3**）。金属上的中心孔要形成凹槽，为开始钻孔时的钻头提供稳定的位置。

3 | 在金属片下面垫一块软木，让钻头钻穿金属后可以凿入软木的表面（**见图4**）。钻孔时，用力要稳、均匀。之后使用什锦锉或珠铰将钻孔后的毛刺清除掉。

锉削

使用锉刀可以将不需要的边或碎片清理掉。为了保护锉刀的使用寿命，你应该只用一方进行锉削——将金属接触到锉刀尖儿就可以。让我们记住这个方向，从这个方向开始，你只有一种方式可以操作——拿稳金属，将锉刀向外侧推。推磨就是在切磨，推磨要流畅、平滑，同时要用足够的压力让切齿能够发挥作用。

锉刀切齿大小不一，形状各异，尺寸多样。切齿用数字表示，从0（最粗）到6（最细）。

提示：对于边缘较长、锉程较长的锉刀而言，有时候将金属片放在木台板上更容易锉削。这样以便将手放在台板边并在合适的位置确定锉刀的方向。

铆接

铆接指的是将两块金属连接在一起，而不是焊接在一起。这为整件作品增添了设计元素。

金属丝铆接

用金属丝铆接是一种相对简单的技巧，也称"标准铆接"。

1 | 在需要连接的两块金属上钻同等大小的孔，借助先前列出的表格以确定金属丝厚度所对应的钻头尺寸。铆接的金属丝必须要恰好适合钻孔，最好是钻孔大小比金属丝厚度要稍微小一点，这样的话，什锦锉就能稍微将孔扩大，使金属丝能紧贴住钻孔。如果金属丝穿孔时比较松，那就很难铆接，因为金属丝会在孔里摆动，很难锤击，无法拉直。

2 | 将金属丝穿过钻孔，用耐久性记号笔标记剪切线。用剪线钳剪切，两边留出1毫米到1.5毫米（**见图1**）。金属丝过长会导致铆钉头较大。

3 | 将置入铆钉的金属放在台板上，必要时将金属丝顶端锉平（**见图2**）。在开始铆接前，金属丝要非常平整。

4 | 用铆锤细长的一端轻捶铆钉头。将其旋转45°进行轻捶，继续捶击直到整个铆钉头旋转一圈。将铆钉头翻过来，另一边重复同样的操作。铆钉头要形成蘑菇形状，顶部要展开（**见图3**）。

5 | 铆钉头顶部充分展开后，将铆锤换到平头一端，将铆钉向下锤平。一边锤一点，然后翻过来，另一边再锤一点，直到完全锤平（**见图4**）。

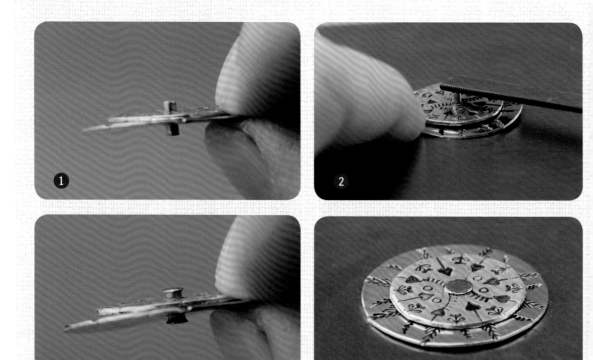

平头铆钉

我们通常会在作品中使用预先做好的平头铆钉。这些铆钉的一端已经是平整的,有时平整的一端很普通,有时是半球形或装饰性的。当你使用平头铆钉时,你需要确定铆钉哪一边(预先做好的一边或向下锤平的一边)在成品的顶端。在这款设计中,我们决定将预先做好的大边放在背面,而手工制作的小边放在正面。

1 | 在金属片上打出合适的孔后,将铆钉穿进去,然后将顶部剪切到大约1毫米的长度(**见图1**)。

2 | 处理铆钉时,将铆钉向下锤击,直到你将铆钉头锤开,锤出蘑菇形状(**见图2和图3**)。

提示: 你也可以使用修整锤的锥头将铆钉锤开。

3 | 将锤子翻过来,用平头将铆钉锤平。

管状铆钉

管状铆接使用空管而非实心丝来铆接金属片。用这种技巧制作的作品外观更完美。铆钉孔边沿的金属要抛光，这种铆钉孔也可以折叠为扣环孔。

1 | 在金属上钻孔，确保孔比管子的宽度稍微大一点。

2 | 测量并标记管子的剪切线，如同之前标记铆钉的剪切线。但是这次要使用珠宝锯锯切铆钉，因为这样不会导致管口凹陷或捏合。确保金属两边的管状铆钉长度不超过1毫米，如果管子过长，铆接时会分叉或倾斜。

3 | 用非惯用手将管子紧紧地放在台板销上，在锯条上涂抹切削润滑剂，然后沿着标记线开始锯切（**见图1**）。根据需要锯掉一定长度的管子，如果没有锯直，那就稍微切削点，确保两边都是平直的。

4 | 将管子插入要铆接的金属片。将金属片平放在台板上。将中心孔放在管子的孔里，然后用重为1磅（454克）的锤子，同时将冲子环形旋转，让管子的边缘展开（**见图2**）。将金属翻过来，在另一边重复同样的操作（**见图3**）。

5 | 换到铆锤的平头端，将管状铆钉的两边锤平、光滑（**见图4**）。

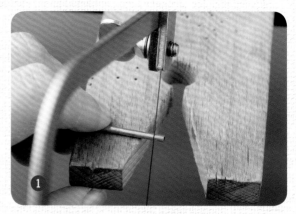

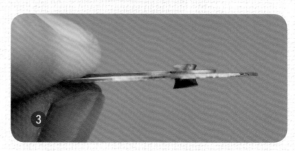

退火

给金属制品退火是一种金属加工硬化后软化的方法。当我们反复锤击、定型或制造金属时，它通常会硬化。例如，由于制造过程中，扁钢丝或圆钢丝要比我们所想的更容易硬化，因此需要退火或者软化以弯曲或塑形。

如果金属太硬，无法刻印好印模，那么给金属退火将其软化，就会取得更好的效果。

要想给金属退火：

1 | 用一薄片金属来保护工作台。

2 | 将要退火的金属放在烘窑砖或其他焊接表面，用喷火器逐渐加热，直到金属变成暗红色（**见图1**）。加热保持10秒左右，然后拿走喷火器。

3 | 等几秒，等暗红色褪去后将金属浸入盛有水的金属碗中淬火。

4 | 金属变软了，就可以进行下一步。铜和千足银（有少部分的铜）两种金属都会产生耐火氧化皮，即加热时出现一层黑灰色氧化物。此时要么是用钢丝球擦除，要么将其浸酸或浸入柠檬酸中，或者用我们最喜欢的方式——用砂碟清理（**见图2**）。砂碟是一种基于柠檬酸的产品，可以用来清洗铜、千足银、镍和黄铜等金属。砂碟不会破坏环境，不含磷酸盐，能够让金属恢复到最初的光泽。

手镯定型

我们可以用多种方法来制作袖口形状的金属饰品，但我们更喜欢使用尼龙嘴手镯弯管钳或弯曲棒。与传统的定型工具（如手镯铁）相比，这些工具更加便宜，使用起来更加简单，运送更为容易，也更轻巧。

要想使用钳子给手镯定形：

用金属丝铆接是一种相对简单的技巧，也称"标准铆接"。

1 | 从金属的一端开始，用钳嘴将金属紧紧挤压（**见图1**）。打开钳嘴，将金属下移0.25英寸（6毫米），再挤压，然后重复这一操作（**见图2**）。直到完成整段金属。

2 | 用钳子的手柄夹住金属外部的0.5英寸（1.3厘米）处，然后将剩下的部分握在窝状的手掌心（**见图3**），开始轻轻地弯曲金属的外部。要考虑好弯曲的位置，握在手里的金属和钳子夹住的金属不要移动，金属暴露出来的地方容易出现弯曲。将金属弯曲成近似椭圆形（**见图4**），以更好地适应手腕。

要想用弯镯棒给手镯定形：

1 | 用弯镯棒是一种非常简单的方法。将金属端插入槽口，然后将其绕着弯镯棒弯曲的部分进行弯曲（**见图5**）。

2 | 继续弯曲，直到开始接触到金属笔直的部分（**见图6和7**）。

3 | 将手镯翻过来，弯曲另一边（**见图8**）。

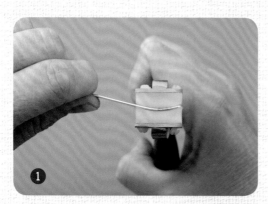

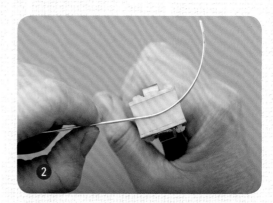

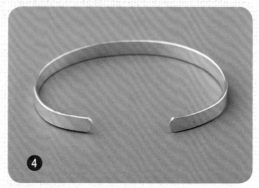

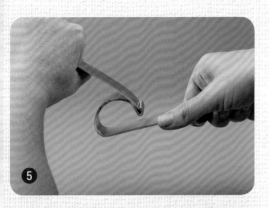

使用圆孔冲片器

圆孔冲片器是一件非常好用的工具，值得珍藏。传统上来讲，这些工具可以从金属中切出圆形，但是现在你会发现，这种工具可以切出各种形状。

要想用圆孔冲片器切割金属，就要将金属（例如金属片或大块预切割的胚料）和冲片器中的孔完全对齐，然后将冲片器的上托板向下旋拧以确保上下两块托板紧贴在一起。放在对应的孔中，然后用重为1磅（454克）或2磅（907克）的铜头塑料锤锤击几次，直到孔穿透。使用高质量的圆孔冲片器很重要，便宜的工具可能不合规格，还浪费钱。

如果是在已经刻印好的金属上打孔，要将刻印的一面朝下放在圆孔冲片器里。如果需要小心放进去的话，就将圆孔冲片器上下反过来。放好金属片，然后拧紧圆孔冲片器，打孔前再将工具反过来。按照此方法打孔，会让金属上已经刻印的一面尽可能保持崭新。

剪切和锯切

转移图案

在将金属切出某种形状前，你需要转移一种图案以作参考。用卡片材料或其他厚纸制作模板，再用耐久性记号笔在其周围画线。任何工艺品店都可以买到透明的塑料模板，用它们来画圆形和方形很方便。

选择切割工具

将图案转移到金属上之后，选择切割工具。锯可以切割厚度为16—26的金属。剪刀适合切割厚度为22—30的金属。锯无法切割厚度为28或28以上的金属，因为这种厚度的金属在切割过程中会来回移动。

金属剪：金属剪有各种样式，包括法国弹簧剪和剪刀。这两种金属剪刀身厚，剪起来跟普通的剪刀一样。找那种刀边光滑的刀片，这样剪起来会更顺畅。

珠宝锯：珠宝锯由锯弓和锯条组成。锯弓是可以调整的，加宽或收窄弓口以适应锯条的长短。锯条有各种尺寸，因此要根据金属的厚度选择合适的锯条。最适合本书作品的锯条：厚度为20—22的金属适合使用2/0、每英寸（2.5厘米）56粒锯齿的珠宝锯；厚度为22—24的金属适合使用4/0、每英寸（2.5厘米）66粒锯齿的珠宝锯。

塑料锤和加重尼龙锤：我们在这本书中经常要用锤子压平因刻印而变形的金属。这两种锤子都可以用来压平金属，取决于个人的偏好和拥有的锤子类型。

要想将锯条安装到锯弓上：

1 | 拧下指旋螺丝，将前后两端的夹头打开。将锯条安进前端的夹头，然后将锯条拉紧，同时锯齿要朝下、朝外。

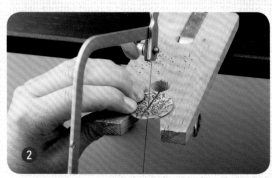

2 | 接下来，握住珠宝锯，手柄朝向身体一侧，将锯条安进后端的夹头时将锯弓向桌子方向推，使得锯弓弯曲（**见图1**）。

3 | 将后端的指旋螺丝拧紧，同时释放张力。当你将锯条取下时，会听到很大一声"砰"。

锯切东西时，不要太用力下压锯弓，这会导致锯条扎到金属里，而无法使用锯子。在锯条两边和作品表面涂些切削润滑剂有利于锯切。轻触作品，将珠宝锯与作品垂直，通过小幅的上下移动来锯切（**见图2**）。

当转弯时，你可能会将珠宝锯扭转，这有可能拉断锯条。相反，当你旋转金属时可以进行适当的锯切。

第五章

首饰制品

精美的团簇项链

很多人都喜欢这款项链，无论你是将激励人心的话语、生命中的所爱（人、宠物或导师），还是某种结合体刻印在金属上，这款项链都会成为你生命中重要之人或物的回忆。

技能水准

入门

成品尺寸

各不相同

刻印工具清单

尼龙锤

圆嘴钳

尖嘴钳

剪线钳

材料

各类胚料

厚度为18、内径为4毫米的扣环

所选的链子

厚度为22的球形平头针

适合串在厚度为22的平头针上的珠子

印模

小燕形, 朝右

断开的箭头形

大条纹心形

星形, 中号

松柏, 中号

圆形, 2.5毫米

Chronicle字体, 大写和小写

手写体, 小写

操作说明

1 | 选择需要的胚料（**见图1**）。

提示： 我们需要一对铸模胚料。我们喜欢这些胚料是因为它们看起来精致，刻印时会很有用。这种有圆点、边缘凸起的长方形胚料，边缘很容易对齐刻印。记住，通常选用大写字母印模组会更好，因为它们没有向下写的字母。如果你使用小写字母，那就要确保单词中没有向下写的字母，否则它们会在边缘中断，无法与其他字母对齐。

2 | 对胚料进行刻印。不要担心需要在各个方向上进行刻印，因为任何形式的刻印都与这款项链相配。

3 | 对于只有一种印模的小型胚料而言，要慢慢地、小心翼翼地刻印。

4 | 黑化、抛光。

提示： 刻印前，我们喜欢将胚料抛光。当印模靠近胚料时，就像照镜子，很容易看清楚印模应该置于胚料的什么位置。

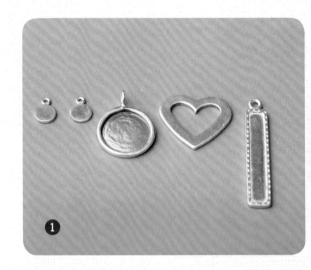

5 | 用金属丝缠绕平头针上的珠子，上面的圆环要够大才能串到链子上。这款项链能使我们增添个性色彩。一些人喜欢使用诞生石或者与他们关系密切的人的诞生石，那我们需要考虑排序，即如何让项链看上去美观。

6 | 将所有的金属制品按照你选好的顺序串到链子上（**见图2**）。

一块金属或一组金属看起来都很美。这是一份精美的礼物，因为你可以继续往项链上串金属制品。我们收录这款设计旨在说明当你将各种大小、形状的胚料有层次地串起来时，就会发现这款项链是多么的精致。虽然我们可以反复使用同一种胚料（我们发现这种设计很美），但是我们喜欢制作有趣的饰品。选择一块适合你所刻印的内容的胚料也很重要。重要内容可以使用大块或更漂亮的胚料，而私密性内容可以选择使用小块的胚料。

吊灯式刻印耳环

重复的图案配以轻盈、飘垂的链子，使得这对耳环外观典雅。先拿一块废金属，反复练习刻印，之后用更好的金属来制作这款首饰。为了让耳环轻盈，我们会用铝金属来制作耳环。

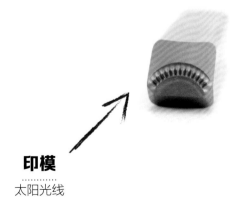

印模
....
太阳光线

技能水准

中阶

成品尺寸

图示的每只耳环尺寸为3英寸×1.5英寸（7.5厘米×3.8厘米）

刻印工具清单

中号锉刀　珠宝锯

尺寸为2的锯条　切削润滑剂

固定式锉座　钻孔机

$\frac{1}{16}$英寸（1.59毫米）的钻头

一块皮革　台板　塑料锤

两把尖嘴钳　圆嘴钳　剪线钳

材料

4英寸×4英寸（10厘米×10厘米）、厚度为18的铝片

长度为36英寸（91.5厘米）的细链（足够大，可以串上厚度为20的扣环）

28个厚度为20、内径为3毫米的铝扣环

长度为6英寸（15厘米）、厚度为20的极软或半硬千足银丝

扇形模板

纸张

剪刀

提示： 如果你使用的链子过细，无法穿过厚度为20的扣环，那就用圆嘴钳的钳头，将其下推，把链子拉开。

操作说明

1 | 将扇形模板放在一张纸上，将纸剪成模板的形状，然后用耐久性记号笔在金属上描出模板的形状。不要把金属上的形状剪出来，要先刻印，然后再剪切。

提示： 刻印时，金属上要保留耐久性记号笔的墨水印，抛光时很容易擦除掉墨水印。

2 | 将印模胶带的底边逐点黏在扇形图案最宽的位置。以胶带位置为参考，先刻印第一行（见**图1**）。

3 | 印好的一行就可以作为下一行的参考。工具要与印模顶端的曲线对齐，用新印模将两个印痕顶端中间的高点部分衔接起来以弥补，然后由此进行刻印（见**图2**）。

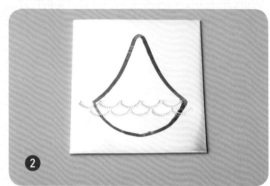

4 | 刻印到底边时，将印模转过来刻印顶端。这一次，根据印痕的两个交点将印模工具对齐，保持印模工具成直线。

5 | 一旦完成刻印（见**图3**），就将一块皮革放在台板上，将金属朝下放在皮革上，然后用塑料锤将金属锤平。

6 | 用珠宝锯将刻印好的金属部分剪出来。

提示： 有时候画在金属上的线条比较粗，因此要确定是沿着线条内侧还是外侧进行剪切，剪切时要保持一致。

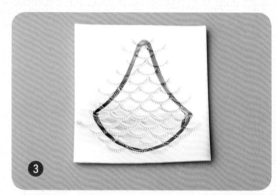

7 | 用锉刀将剪切的部分锉削干净、光滑。

提示： 使用有平边和卷边的、质量好的锉刀，这样更便于锉削平边和卷边。

8 | 黑化、抛光（见**图4**）。

9 | 使用耐久性记号笔标记出需要打孔的位置。在胚料的中间画一条线，在边缘上标出打孔的位置，然后在中间线两边均匀打孔，打孔的数量须是偶数。在这里，我们标记14个孔。使用句点印模或冲子刻印出每个圆点，作为钻头的参考（**见图5**）。

10 | 钻孔。你可以使用打孔钳，但是我发现贴着边缘、高密度打孔时更容易、更准确。

> **提示：** 在具体的位置钻孔是很难的。先用一块金属废料进行边缘钻孔或打孔练习。

11 | 将链子剪成14段，每段长2.5英寸（6.5厘米）。将所有的链子对齐，然后确保所有的链子长短一致。

> **提示：** 用细金属丝将所有的链子挂起来，这样它们可以挂在一起，确保所有的链子一样长。要想达到引人注目的效果，可以将链子剪得更长。

12 | 将扣环串到链子的一端和耳环的第一个孔（从左向右）。用另一个扣环将链子的另一端串到第八个孔内（**见图6**）。

13 | 按此顺序继续串接链子（下一段链子串到第二个孔，另一端串到第九个孔）（**见图7**），所有的链子按此方式进行串接。

14 | 制作并串接耳钩。

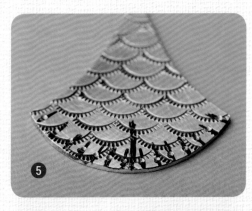

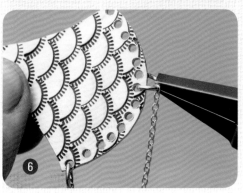

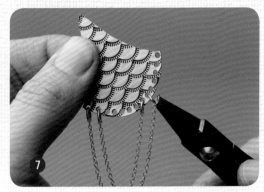

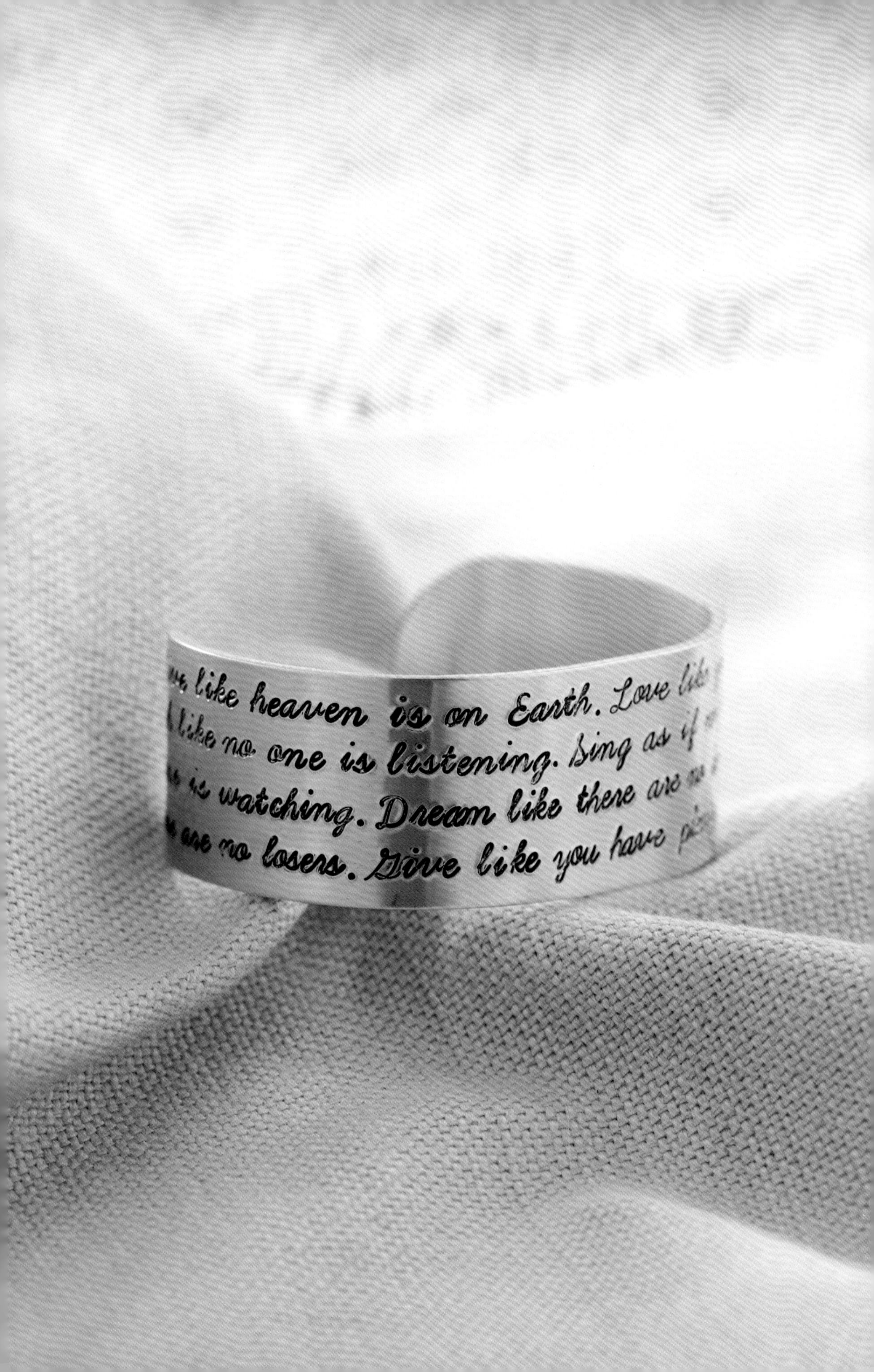
like heaven is on Earth. Love
like no one is listening. Sing as if
watching. Dream like there are no
are no losers. Give like you have

诗词手镯

佩戴印有鼓舞人心的诗词或话语的首饰是多么的好看啊！我们可以选择大写和小写的手写字体，这种字体再加上优美的诗词，给人很浪漫的感觉，并且看上去很漂亮。确保诗词或话语能够印在6英寸（15厘米）的手镯上。如果内容过长，那就要选择小号字体，这样诗词就可以刻印上去了。如果内容过短，可以选择任何一种字体，大号字体或小号字体都行。

技能水准

高阶

成品尺寸

图示的手镯尺寸为6英寸×1英寸（15厘米×2.5厘米）

工具

刻印工具清单

弯镯棒

锉刀

铝片

材料

1英寸×6英寸（2.5厘米×15厘米）的铝金属手镯胚料

印模

手写体，大写和小写

操作说明

1| 将所有的字母完美地印到金属上是非常重要的, 因此要借助于第二章的操作说明来估算诗词的字距。此外, 字母印模用得越顺手, 我们就能用同样大小的字母印模印出越多的诗词。这是非常实用的, 也是相对准确的。先练习第一行, 将金属放在一块铝片上(你也可以使用卡片材料), 然后进行字母刻印(**见图1**)。这有助于词和字母落位精准。

2| 将一长条胶带黏到手镯胚料的上端, 胶带的上边缘与字母的底边对齐。

3| 刻印诗词最上面的一行(**见图2**)。

提示: 如果诗词很长, 需要许多空间, 那么开始刻印时要紧贴边缘, 一直印到另一边。如果诗词较短, 可以找到手镯的中心, 从中间向两端确认词语的位置。

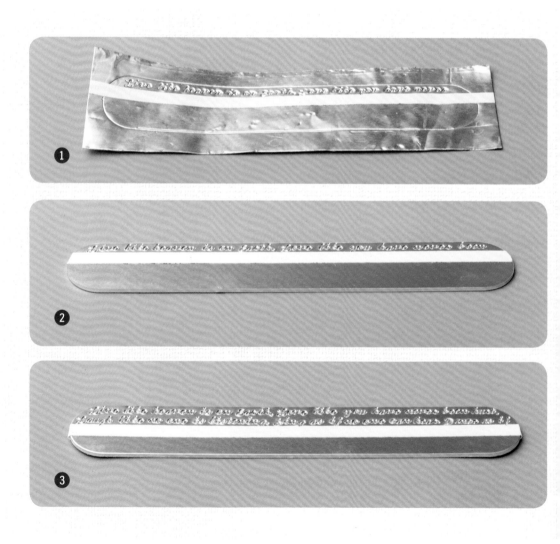

❶

❷

❸

4| 当完成顶端的刻印时，撕掉胶带，黏上新的胶带。第一行印模下方的间隔要均匀、充分，接着继续刻印诗词（见图3）。仍然以胶带为参考刻印每一行，直到刻印完全部的诗词。

5| 黑化、抛光。如果刻印导致金属变形的话，可以将金属边进行锉削、清理（见图4）。

6| 使用弯镯棒将手镯定形。将手镯一端放在槽口，将上端的部分沿着弯曲棒的弧线向上弯曲（见图5）。现在将手镯的另一端放在弯曲棒的另一边，按照同样的方式将其弯曲（见图6）。这两个步骤可以制作出好看的手镯形状。

这款手镯最初是曼陀罗风格，而这里的诗词手镯是按照同样的方式制作的。

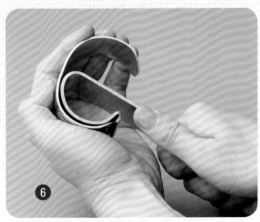

半沉式氧化"V"形耳环

这些轻质的耳环优雅、动感，因为它们一半黑化、一半光亮，因此呈现的光感很美。我们在这款设计上使用耐久性记号笔和Silver Black牌黑化剂，因为使用Silver Black牌黑化剂氧化后，再使用耐久性记号笔可以留下更深、更鲜明的印迹。

印模
....
尾羽，大片和小片

操作说明

1 | 将六块"V"形胚料整齐地摆放在台板上, 紧挨着, 按照悬挂的方式摆放。用一条长胶带标出胚料的中间位置, 然后将它们黏在台板上（**见图1**）。

提示： 当胚料被黏到一起时进行刻印有助于将弯曲部分限制在金属上。如果印模偏离方向, 看上去就会是故意为之, 因为这些印模都是粘在一起的。当你要在精美的胚料上刻印时, 这是一种非常实用的技巧。

2 | 在全部6块胚料露出的部分刻印图案（**见图2**）。

提示： 确保使用的印模能够刻印在胚料上, 因为你刻印得越多, 金属就越会变形。像图中这样的图案, 胚料的形状和完好性非常重要。将羽毛图案印模与胚料的边缘对齐。如果出现弯曲的情况, 在胚料还未被黏住的时候用塑料锤锤击。如果胚料重叠的话, 要将它们锤平。你还需要使用锉刀锉削原始胚料边缘突出来的部分。

3 | 撕掉胶带, 将刻印完的部分用胶带黏上, 然后在另一边开始刻印。为了整齐又专业的外观, 刻印出来的羽毛图案要完全对齐。

4 | 在方形的小块胚料上刻印羽毛图案。先从中间开始, 然后是左边和右边, 最后形成一个微小的扇形图案。

5 | 使用耐久性记号笔进行黑化, 然后将胚料抛光（**见图3**）。

6 | 使用1.25毫米的打孔钳打孔。尽可能地贴着边缘和"V"形胚料的中心位置打孔, 每块"V"形胚料都需要两个孔, 一个在中间位置的上边缘, 一个在下边缘。在方形胚料顶端的中心位置打一个孔, 便于胚料悬挂（**见图4**）。

7 | 将胚料分成2堆。一堆是银黑色的, 在左边, 另一堆在右边。这是为了确保耳环上有相等的氧化和抛光面。

8 | 把银黑色胚料倒入小玻璃容器或小的一次性纸杯。用一把钳子, 分别捡起每一个夯实的"V"形胚料, 并将其一半浸入氧化溶液中, 使溶液越过冲压孔（**见图5**）。如果你想颜色再深一点, 就再浸一次。这其中最重要的是要保持一致性。试着让胚料达到同样的暗度。如果你搞砸了, 就把它擦亮, 再来一次。然后把它扔进水和小苏打的混合液中, 冲洗干净。最后把氧化液倒回到罐子里, 用清水和小苏打把容器冲洗干净。

9 | 按照正确的顺序, 用交替的氧化面（**见图6**）排列"V"形, 用跨接环连接。

10 | 制作并加上耳线。

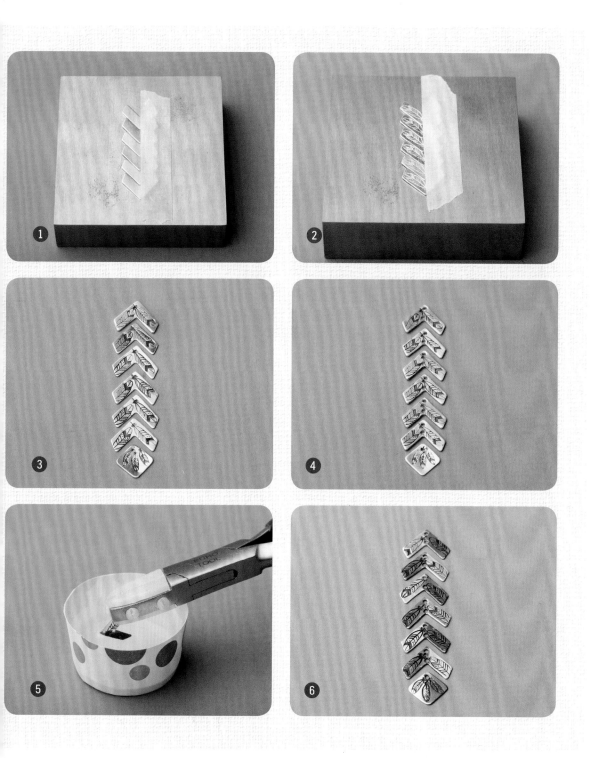

提示：我们喜欢将这些耳环装在塑料袋里，贴上抗氧化标签，这样它们就不会很快氧化，外观也不会发生变化。

小圆领刻印首饰

这种刻印方式有趣、自由，像是素描。这款项链就像是现代抽象风格的手镯。这也是用印模而非坠饰展示你刻印首饰爱好的一种方式。这种斜线形印模创造出一种时尚感，与其他印模相互映衬。不同角度的刻印可以创造出长短不一的斜线形印模。

技能水准

各个阶段

成品尺寸

图示的小圆领每边最宽部分为2英寸（5厘米），高为4.5英寸（11.5厘米）

工具

刻印工具清单

锉刀

超大型耐久性记号笔

金属剪或珠宝锯

1.8毫米的打孔钳

衬在台板上的一块皮革

钢丝球

加重尼龙锤

材料

4英寸×4英寸（10厘米×10厘米）的、厚度为18的铝片

7个厚度为18、内径为4毫米的银色扣环

与设计相匹配的链子

钩扣

模板

印模

斜线形　摩托车　手写体，大写M

大燕，朝左　玫瑰

太阳光线、中号圆圈、句点（一起使用会让图案看起来像只眼睛）

糖骷髅　蒲公英　羽毛，大片　鸟妈妈

一颗饱满的大心　心形　照相机

草莓　拿铁咖啡杯　海盗船

操作说明

1 | 根据图样勾画出两块模板,并将其剪切出来(参见书后有关模板的内容)(**见图1**)。

> **提示:** 从空间上观察图样在铝片上的布局,不浪费材料。将纸放在铝片上,确保两张图样都可以放得下。再用耐久性记号笔勾画模板。

2 | 使用金属剪或珠宝锯从金属片上剪出两块模板。

3 | 以悬挂的方式来摆放两块模板,在每块铝片背面做出标记(**见图2**)。

> **提示:** 要吸取我们的经验教训。我们第一次没有做标记,结果刻印了两块左边的小圆领。

4 | 在铝片上练习刻印技术,将图案印模刻印在练习的铝片上。

5 | 在图案周围使用斜线形印模刻印。从图案外围选择一个角度,开始迅速、连续性地刻印。如果你认为斜线形印模间距较大,那就倒回去继续填充斜线形图案。在我们的设计中,有的图案印模有两层斜线形印模,而其他印模仅有一层。一些是短线条的,一些是长线条的,一些是长短线条结合的,其他则是不同方向的,任何方式都可以(**见图3和4**)。

6 | 现在，我们开始刻印圆领部分。首先，使用第一个图案印模（可以考虑使用你最喜欢的，因为它会刻印在最重要的位置），然后在铝片前心的边缘刻印。在前心周围刻印光束（**见图5**）。

7 | 需要在下一个图案印模周围有足够的空间来刻印斜线形。开始刻印下一个图案和边缘的斜线形图案。图6有两团光束。

提示： 如果铝片弯曲，将一块皮革放在台板上，然后用塑料锤锤平铝片。在刻印过程中可以定时地锤击铝片。

8 | 继续刻印，直到充分刻印整个铝片。使用耐久性记号笔黑化刻印部分，然后抛光。

9 | 在两块铝片的顶端和底端打孔（**见图7**）。

10 | 对铝片边缘进行锉削，开始清理。清理干净整洁很重要，因为小圆领的魅力就在于它的整齐性。

提示： 要让铝片适当弯曲（这样可以很好地挂在胸前），将一边刻印过的小圆领铝片朝下放在台板上。将皮革放在铝片和台板的中间，这样的话最后制作好的项链就不会有破损。使用尼龙锤锤击铝片（我们喜欢使用加重尼龙锤，在家装用品店可以找到这种锤子），从中间位置向边缘锤击时，可能会有点内凹（**见图8**）。锤击的力度越大，铝片就越容易变形。项链很长，以至于铝片的外观不会显得那么僵硬。翻过来时，小圆领应该略有外凸。

11 | 将2块小圆领的顶端增加扣环，然后将它们连接到链子上。将扣环连接到底端的中孔上，闭合扣环。用第三个扣环连接前两个扣环。这将使所有的连接点方向正确，让小圆领可以平放。

瓦片刻印皮革手镯

这款有趣、新颖的设计可以充分展示你最喜欢的词语或名字。

这款时尚手镯包含一块皮革，形成一种看似普通但又精美的外观，是一款完美的首饰。

技能水准

中阶

成品尺寸

图示的袖扣尺寸为6英寸×1英寸（15厘米×2.5厘米）

工具

刻印工具清单

冲子

塑料锤

金属剪

扁嘴钳

中号平行制环钳（3毫米的嘴和5毫米的嘴）

尼龙嘴钳

耐久性记号笔

材料

皮革手镯

7块 $\frac{3}{8}$ 英寸×1.75英寸（1厘米×4.5厘米）的标准银长方形胚料

印模

Kismet字体，大写，7毫米

导航星

有条纹的星形

无条纹的星形（中号、小号）

句点

操作说明

1｜将长方形胚料对齐摆放在台板上。将皮革手镯放在长方形胚料的上面，并且放在胚料的正中间。使用耐久性记号笔将这片区域标记为刻印区域，其他的部分将会隐藏在皮革手镯里面（见图1）。

2｜使用胶带黏住胚料的下方，以胶带线为刻印字母的参考线。

3｜在每一块胚料上刻印字母。

4｜在每个字母周围填充星星图案，如果需要，可以在胚料的另一面使用图案印模刻印（见图2）。

> **提示：** 虽然你可以使用你喜欢的图案印模，但是我们使用了星星图案，因为星星的形状各异，而且我们也喜欢星星闪烁的感觉。我们以随意的方式刻印，这样胚料上的图案外观会更加自然，而非精确刻印。

5｜将胚料上的胶带撕掉。如果胚料弯曲的话，将胚料翻过来，放在台板上，使用塑料钳将胚料锤平。

6｜再次在胚米上黏上胶带，作为标记线，以便于黑化、抛光时标记线不会轻易被抹掉。然后将印痕黑化，使用钢丝球抛光（见图3）。

7｜撕掉胶带，在胚料一端5毫米的位置再标记一条线。使用一副金属剪将这部分剪掉，确保手镯背面的胚料不会重叠（见图4）。

8｜使用一副扁嘴钳，拿一块胚料，将钳子的边缘与其中的一条标记线对齐。将胚料弯曲90°，再将其放在皮革手镯上对照一下长度。如果另一条标记线刚好与手镯另一端对齐，那就可以将这边同样弯曲90°。如果长度不够，那就将钳子放在标记线上一点，刚刚合适就好，不要过短。如果弯

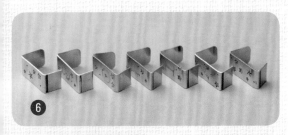

⑥

曲部分过短,它们就无法套在手镯上。如果胚料有点大,外观会好看,因为它们能够全部匹配起来(**见图5、6**)。

9 | 一旦所有的胚料都完成弯曲,就使用钢丝球将耐久性记号笔所画的线条和胚料两边或背面的其他标记线全部擦除。

⑦

10 | 现在完成弯曲部分的操作。将中号平行制环钳抵住内角/弯曲部分,对平行制环钳较短一边上面的胚料超出部分进行弯曲(**见图7**)。如果遇到困难,使用尼龙嘴钳将这部分金属摁下去。

11 | 如果你已经开始向下捏紧胚料,就会更容易将它们夹在皮革手镯上。然而,要将手镯夹在这么小的空间内有点困难。在完全捏紧胚料前,准备好所有胚料,然后将它们套在手镯上。

⑧

12 | 将所有的胚料全部移动到手镯的中间位置(**见图8**)。

13 | 中间的字母要处于中间位置,其他的胚料要保持相同的间隔。

提示: 手镯上的每块胚料之间至少保持3毫米的距离,保证设计的灵活度。

⑨

14 | 使用尼龙嘴钳将胚料夹紧(**见图9**)。

15 | 在台板上放一块皮革,然后将手镯朝下放在皮革上面。使用塑料锤锤击胚料的背面(**见图10**)。

提示: 更多关注中间的部分,而不是边缘的部分,因为你需要让中间的部分卡紧。将这一边锤击平滑很重要,因为这样佩戴在手腕上才会更舒服。

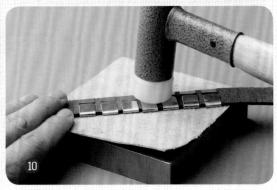

⑩

带宝石的银块
项链

　　块状镶宝石项链是一款永不过时的首饰，长方块可以刻印词语、名字或图案。在这里，我们通过增加一排宝石来增添意趣。

印模
....
新艺术扇形

度数符号

成品尺寸
....
图示中的项链尺寸为1.5英寸×16.5英寸（3.8厘米×42厘米）

工具
....
刻印工具清单

剪线钳

圆嘴钳

尖嘴钳

扁嘴钳

1.5毫米的打孔钳（可选）

材料
....
4厘米×5厘米、厚度为20、弯曲或常规的长方形标准银块

长度为5英寸（12.5厘米）、厚度为26、极软的标准银圆丝

数粒小珠子（与长方形银块长度相当、3—4毫米、能够串到厚度为26的圆丝上）

两枚厚度为20、内经为3毫米的标准银扣环

链子（连接端足以串上厚度为20的扣环）

操作说明

1| 将块状项链进行刻印。要小心地刻印中间位置，还要均匀地刻印，否则会让胚料变形。

2| 将印痕黑化、抛光。（**见图1**）

3| 如果银块没有孔，那要在银块两边的外角位置打两个孔，然后将银块放一边。

4| 如果使用的是现成的链子，那就将其剪为两段。

5| 串在圆丝上的珠子要和银块一样长或者略短，不要过长（圆环两端大约4厘米），使用缠绕环将珠串与链子连接起来。

6| 先用55英寸（12.5厘米）、厚度为26的圆丝制作一个小圆环，穿入链子，然后将小圆环的开口缠住。

提示： 我们要先将珠子缠绕到链子上，因为这比加入银块后再缠绕要简单得多。

小圆环串在链子4—5毫米的位置，在我们的设计中，大约就是3个圆环的位置（**见图2**）。

7| 串上珠子，然后将链子的另一端串上缠绕环。在加固圆环前，要将其与刻印的银块对齐，确保长度一致。记住缠绕环所需的长度，必要时可增加或缩减珠子的数量（**见图3**）。

8| 使用扣环将银块连接到链子两端最后的圆环上。

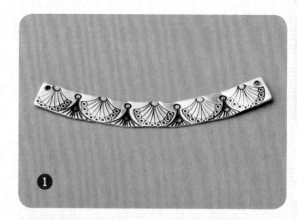

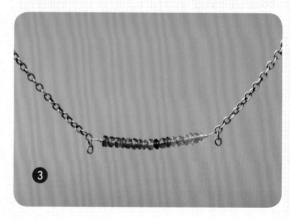

　　这款项链是经典的银块项链捻合而成
的设计，再加上缠绕丝上的珠子颜色，显
得更为有趣。使用珠子来定制这款项链是
一种很有趣的方式，珠子给我们带来一种
渐变色的效果，但是要想达到彩虹效果，
还需要诞生石，或者是有颜色的银块。刻
印、缠绕以及串珠是一种完美的结合。

the secret of getting ahead is getting started.

O bien definir el momento o el momento te definirá.

to thine own self be true

缝链吊坠

我们这里选择印上谚语，但你可以只印一个单词或一种图案。选择一种最适合的字体，把你所想的词印上去。对于这款设计，我们认为浪漫的字体效果最佳，例如手写体。

技能水准

入门

成品尺寸

图示中的吊坠宽为1.5英寸（3.8厘米）

工具

刻印工具清单

1.8毫米的打孔钳

剪链器

圆嘴钳

尖嘴钳

圆规贴纸

金属剪

尼龙锤

细头耐久性记号笔

材料

直径为1.5英寸（3.8厘米）、厚度为24的标准银圆形胚料

长度为18英寸（45.5厘米）、直径小于1.8毫米的链子，以便其能从孔穿过

钩扣（除非你使用现成的链子）

两粒珠子（能串在厚度为24的平头针上）

两枚2英寸（5厘米）、厚度为24的标准银平头针

印模

手写体

操作说明

1 | 要想知道这些单词该如何最佳排列，必须先在胚料上用细尖耐久性记号笔写出这句话，模拟该字体的大小（**见图1**），或者使用诗词手镯中用过的间距练习技巧。一旦确定了间距，就把这句谚语写到一张纸上，保证其与胚料上的行间距相同，以供刻印时参考。抛光胚料即可移除字迹。

2 | 把最后一个单词的最后一个字母印模放在胚料的底部作为参考。直接在长柄上的字母底边粘一条胶带，作为参考线。以胶带的边缘为参考线，开始刻印谚语的最后一行。按照纸上手写的内容确定这行要印多少单词（**见图2**）。

> **提示：** 从底部开始，向上进行刻印，就可以避免空间不足。相较于胚料空间用尽问题，沿着中间线向上刻印更为保险。

3 | 刻印完最后一行后，撕下胶带，在最后一行上方留出足够的间距，沿水平方向重新贴上一条胶带。进行刻印词语时保持适当的距离。

> **提示：** 保持胚料美观、紧凑。这块胚料的空间很小，全部内容整洁、紧凑地刻印完成后，观感最佳。

4 | 以胶带为参考线，继续一行一行地刻印，直到印完整句谚语。如果胚料开始变形，在台板上铺上一块皮革，将半圆形胚料翻转朝下放置，然后用尼龙锤锤击。在刻印过程中随时都可以进行该操作，因为在平面上刻印更为容易。

5 | 刻印完成后，再次将胚料锤平、氧化处理，然后抛光打磨干净。

6 | 在刻印的最上面一行正上方量好距离，标出一条直线。然后用金属剪裁剪胚料（**见图3**）。

7 | 使用圆规，标记打孔的点。你可以均匀地排列所有的孔，也可以两两一组进行排列。但无论如何，你都需要钻偶数个孔，让链子从同一侧顶部的孔中穿出（**见图4**）。

> **提示：** 尽量把这些孔打在单词之间。如果实在不行，那也没关系。无论如何，缝链最终还是会遮挡一些单词。单词贴近边缘的话，这款设计外观会更美。

8 | 打孔（**见图5**）。

> **提示：** 这是确保链子干净的极佳时机。此时，单独清洗每一部分最为容易，而全部组配好后再清洗则较为困难。

9 | 当链子穿过所有的孔时，它的摆动幅度不会太大，因此，最好是找到链子的正中间部分，然后把胚料固定在那儿，以此作为穿缝链子最适当的位置。

> **提示：** 在最后一个链环上穿一根2英寸（5厘米）长的细丝，将其当作"针"来使用，让链子穿过那些孔（**见图6**）。

10 | 将小珠子串在平头针上。制作一个圆环，既能连接到链子，又能连接到钩扣。

11 | 将圆环穿过链子的散口，并将平头针拧合（**见图7**）。

12 | 在另一边用相同的平头针技巧将链子连到钩扣上（**见图8**）。

缝丝耳环

这款设计是经典圆环耳环的一次重大突破。在匾板形状的胚料上刻印，做成独一无二的首饰。不会焊接的人可以缝丝，这款耳环是很好的例子。胚料上的曲线模仿大环上的曲线的方式堪称完美！该设计也可以做出精美的吊坠。

印模

尾羽，大片

灿烂心形

技能水准

高阶

成品尺寸

图示中的每只耳环尺寸为1.25英寸×3英寸（3.2厘米×7.5厘米）

工具

刻印工具清单

句点印模或冲子　塑料锤

钻机　$\frac{1}{16}$英寸的钻头

孔为1英寸（2.5厘米）的圆孔冲片器

珠宝锯　规格为4/0的锯条

规格为3的锯条　切削润滑剂

固定式锉座　$\frac{7}{8}$英寸心轴

重型锉刀　剪线钳

尖嘴钳　扁嘴钳

圆嘴钳　圆形模板

材料

两块厚度为24的小匾板形标准银胚料

长度为8英寸（20.5厘米）、厚度为12的极软标准银丝

长度为12英寸（30.5厘米）、厚度为26的极软标准银丝

标准银耳钩

操作说明

1 | 用圆形模板的1.5英寸（3.8厘米）圆边线把胚料划分为两部分。画出前一段小弧线后将其与上方的弧线并排（见图1）。

2 | 沿着该参考线刻印羽毛图案（见图2）。

> **提示：** 按需将胚料压平。如出现变形，将其放在台板上，中间垫一块皮革，然后用塑料锤锤平。

3 | 在羽毛印模上方刻印心形图案。将其敲平、黑化，然后抛光（见图3）。

4 | 画一个穿过心形的1.25英寸（3.2厘米）的圆，标出孔间距均匀的位置。

> **提示：** 要想标出孔间距均匀的点，先标记中间的一个点，然后标记两端的点，再标记这些点之间的中点，最后标记所有点之间的中点。

5 | 用句点印模或冲子在标记好的孔的位置进行刻印。这些印痕可以给钻头提供定位参考（见图4）。

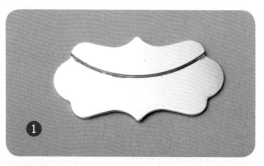

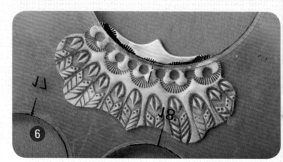

6｜把胚料放在一块废木板上，用$\frac{1}{16}$英寸（1.6毫米）的钻头在标记处打孔（**见图5**）。

提示： 这样做的话，就不能贴边打孔/钻孔，因为边缘空间不足。从正面打孔，因为钻头会在孔上留下毛刺（在背面更容易将毛刺锉削掉）。

7｜将1英寸（2.5厘米）的圆形模板放在要裁掉胚料的位置，在此处画一条参考线。如果没有圆形模板，可以用1英寸（2.5厘米）的圆形胚料或1英寸（2.5厘米）圆孔冲片器替代，参考线要以孔的位置为基准。用圆形模板的好处是你可以透过透明的塑料观察清楚（**见图6**）。

8｜根据参考线，用圆孔冲片器中1英寸（2.5厘米）的穿孔器裁掉标记好的部分。检查参考线是否刚好位于圆孔冲片器的环形部分的内侧（**见图7和图8**）。

提示：

■ 如果没有圆孔冲片器，也可以用珠宝锯把这一部分锯掉。

■ 在连接任何部件前，要先将胚料抛光，因为完全装配好后再清理干净会更困难。

9｜将厚度为12的银丝在$\frac{7}{8}$英寸（2.2厘米）的心轴上绕三圈到四圈（**见图9**）。

提示： 绕圈越多，硬化后金属丝就会越紧实。

10｜用珠宝锯和规格为3的锯条，把银金属丝圈切开，做成较大的扣环（**见图10**）。

提示： 如果锯不直，那就打开扣环，锉削连接端的内侧，这样扣环会闭合紧实。

11｜用尖嘴钳和扁嘴钳将扣环闭合紧实。

12 | 将扣环完美地闭紧，沿着该参考线刻印羽毛图案。

13 | 剪一段6英寸（15厘米）长、厚度为26的标准银丝。用手捏住距离线尾1英寸（2.5厘米）的位置，将银丝沿扣环的一侧缠绕3圈（**见图11**）。

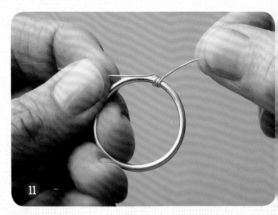

提示： 像这样往扣环上缠绕时，不要先从银丝的一头开始缠绕，而是稍微弯曲银丝，然后将弯曲的部分拽出，这样可以避免扭结。

14 | 调整扣环，使环的接缝隐藏于刚刚缠好的线圈下。

15 | 从外侧的孔开始穿金属丝，并将其缠绕在大环上。继续从孔和环中穿缝，直至另一侧。确保胚料的边缘与扣环的外边缘对齐，不要让它来回滑动（**见图12**）。

16 | 当完成穿缝后，将金属丝在大环上缠绕3圈，然后剪掉金属丝的尾端。找到两侧最边上的一圈，用尖嘴钳夹住末端，将其放在合适的位置（**见图13**）。

17 | 制作耳钩，然后添加上即可。

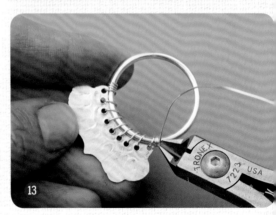

　　这款首饰尤其适合定制。我们只用了一小块匾板形胚料，但无论配上多少块胚料（例如任何其他可用的匾板形胚料，甚至仅仅一个简单的圆形或正方形胚料），看上去都很不错。可以考虑换块大的胚料，胚料越大，刻印的空间就越大。混搭各种金属，会有种大胆设计的感觉。如果你发现自己喜欢这款设计的缝丝部件，那就继续缝吧！你可以随时在现有的缝丝基础上创造出一种交叉式缝丝的设计。

"V"形分层项链

这款项链简约、精美，可供日常佩戴。这款设计也考验刻印技术的精准度。我们将其技术水准定为中阶，因为在完美的位置打孔有点难度。这值得你花时间来完善自己的刻印作品，因为它就是你要找的首饰。如果你发现自己有精准刻印的天赋，那就再做一条。你可以缩短两边的链子，然后加上一个扣环和一个耳钩，做成一对"V"形耳环。

技能水准

中阶

成品尺寸

图示中的吊坠尺寸为1英寸×1.5英寸（2.5厘米×3.8厘米）

工具

刻印工具清单

塑料锤　钻机

1.1毫米的钻头　金属剪

中号锉刀　尖嘴钳　扁嘴钳

圆嘴钳　直尺　耐久性记号笔

冲子或句点印模

材料

三块不同金属材质的V形胚料，每块约为1英寸×0.75英寸（2.5厘米×2厘米）（图示中的胚料分别为镀金、镀银和镀玫瑰金）

六枚厚度为20、内经为3毫米的镀玫瑰金（或可选金属）扣环

长度为16英寸（40.5厘米）、直径为1.3毫米、扁平镀玫瑰金role链

印模

Chronicle字体, 小写

操作说明

1｜按你喜欢的悬挂顺序排列三块"V"形胚料。将直尺与每块胚料上边缘的顶角对齐,用耐久性记号笔在每块胚料上边缘的顶角画一条线,这些边角最终会被剪掉(见图1)。

2｜标记出孔的位置。上面两块胚料的两侧各有两个孔(顶部和底部),最下面一块胚料两侧的顶部各有一个孔。

3｜标记孔的位置时要考虑钻头的大小,尽可能贴近边缘。这些胚料很小,在如此狭小的空间上钻出两个孔,确实有点困难。

> 提示:在剪掉边角之前我们喜欢标记孔的位置,然后再打孔。如果我们先剪掉边角,那么在更小的空间上打出两个孔就更难了。

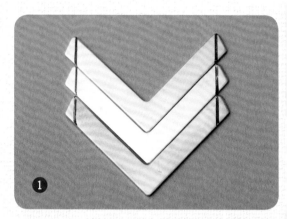

4｜标记好孔的位置后,用冲子或句点印模在标记处进行刻印,为钻头定位、打孔印出标记(类似于试点孔)。进行钻孔(见图2)。

> 提示:把胚料放在一块木头上进行钻孔时,如果另一面出现了明显的毛刺,就把胚料翻过来,从背面再次进行钻孔。在对"有镀层的"(如镀银的)胚料进行刻印时,这条提示非常实用,因为用强力锉刀清理毛刺的话,可能会导致镀层下面的金属裸露出来。

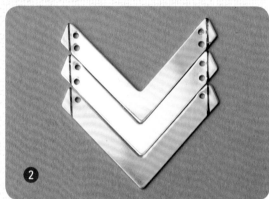

5｜如果胚料变形,在台板上垫一块皮革,用塑料锤将胚料锤平。

6｜用金属剪将标记好的边角剪掉。轻轻地锉削切口的边角,确保边角不要太过锋利(见图3)。

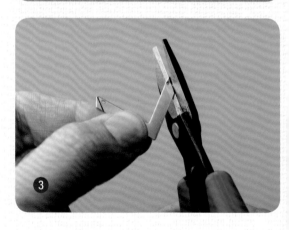

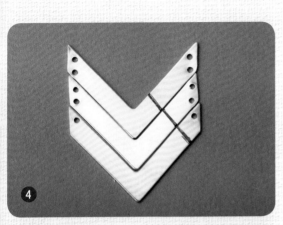

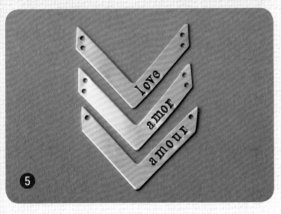

7 | 将胚料重新排列好，这次要标记文字的位置。以底部的胚料为底边画一条垂直线，标记最后一个字母的位置（**见图4**）。

8 | 从后向前刻印，使得最后一个字母成为第一个被印上去的字母。继续向中间位置刻印，直到文字全部都印上（**见图5**）。由于这些胚料易损，所以最好不要太用力，否则会造成变形。尽管胚料变形后再将其弄平并非难事，但要让它们像原来一样完美对齐着实不易。

提示： 先在"V"形铜金属胚料上练习，以便精准确定字母印模组在胚料上对应的位置。

9 | 将刻印的部分黑化，然后抛光。如果在组配前将刻印的部分抛光，就更容易让其闪光发亮。

10 | 用扣环组配各个部件。如果"V"形胚料上的孔不是过于靠近边缘，同时组配时会出现重叠，那就改用稍微较大的扣环（比如3.5毫米）。

11 | 如果使用现成的链子，则从最中间的一节将其剪成两段。因为我们选择的是一条链环较小的链子，因此需要用圆嘴钳将末端的链环打开，串上扣环。为此，我们要将链子的最后一个链环放到圆嘴钳的钳尖儿上，然后轻轻地向下推，将链环稍微打开。

我们喜欢混搭金属材料，因为这意味着可以穿戴任何配饰的项链。这条项链可以完美代替平时穿戴的传统项链。把单词替换成名字，就可以展示出来。如果三块"V"形胚料令你望而却步，可以尝试只刻印一块"V"形胚料。一块"V"形胚料也可以做成一条漂亮的、永不过时的项链。

半圆形曼陀罗耳环

这款首饰的制作能让我们练习充分利用曼陀罗刻印技巧。我们从试验品中挑中一个1.25英寸（3.2厘米）的曼陀罗和一个1英寸（2.5厘米）的曼陀罗。这是磨练刻印技能的一个好时机。但如果失误了，也没关系，还可以巧妙地剪切胚料，从中间穿切，掩盖失误。

操作说明

1｜以曼陀罗风格刻印两片圆形胚料。两片胚料的设计应相互映衬，要么从中间向外刻印，要么从边缘向里刻印。

2｜将两片胚料上的印痕黑化、抛光（**见图1**）。

3｜用圆形模板在两片圆形胚料上标记半圆的部分和四分之一圆的部分，用细尖耐久性记号笔将胚料画出四等分的线条（**见图2**）。

4｜用金属剪小心地把每个圆形胚料剪成两半（**见图3**）。

5｜沿着切口和边角将胚料锉削，边缘不应过于锋利。

6｜按照耳环悬挂的方式把两片圆形胚料摆好。较大的半圆在上方，较小的半圆在下方，圆弧的一边朝下。四等分线还在，只是现在它们用来标记扣环和耳钩半圆的中点。

7｜利用这些线条标记出孔的位置。孔要贴近边缘并居中，上方较大的半圆在顶部的中心和底部的中心都有孔，较小的半圆只在顶部的中心有一个孔。

8｜标记好孔的位置后，用1.5毫米的打孔钳打孔。

9｜抛光掉所有多余的线条（**见图4**）。

10｜用一枚扣环将1英寸（2.5厘米）的半圆胚料连接到1.25英寸（3.2厘米）半圆胚料弧线一侧。

11｜用厚度为20的标准银丝制作耳钩。

提示： 同时制作两只耳钩，确保它们完全相同。

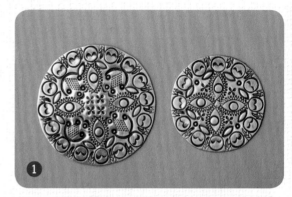

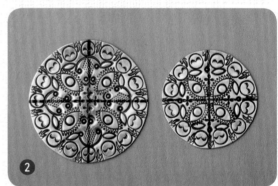

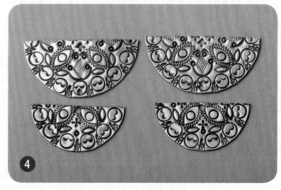

对于这些耳钩而言，我们希望钩柄稍长一点，因此我们把顶部的环放高了一点。先制作圆形（穿到耳朵里）的部分，留出一段距离入耳部分长1.5英寸（3.8厘米）的银丝，然后将其剪切，在底部制作一个环。

12 | 我们将耳钩氧化了，却没有抛光，因为我们喜欢这款首饰中黑色的耳钩外观。

13 | 将耳钩穿到顶部的孔上。

这是用另一种金属做成的首饰。这款设计制作起来也很轻松。如果你发现自己有众多印好的曼陀罗，那就把它们都剪切成半圆形，把这款设计当作制作独特友谊项链的起点，过程中只需将耳钩换成扣环和链子即可。如果你用的金属很难刻印，那么尝试给金属退火，让金属表面更适合刻印。退火时也别害怕。当胚料变形时，用尼龙锤将其锤平即可。

简易粗丝手镯

这是一款简单的首饰，能让你高兴地回到台板上继续制作。除了这根小小的金属丝能融入诸多风格外，我们喜欢的是这款手镯简单的制作方式。

技能水准

入门

成品尺寸

图示中的手镯尺寸为6英寸×0.25英寸（15厘米×6毫米）。

工具

刻印工具清单

尼龙嘴弯镯钳

修整锤

锉刀

重型刀

喷火器

防火表面

窑烘砖或炭块

冷却杯

砂纸

钢丝球

材料

长度为6英寸（15厘米）、厚度为12的千足银丝或标准银丝

印模

经典箭形

Kismet字体，大写T，3.2毫米

操作说明

1｜6英寸（15厘米）是手腕的平均长度。由于手镯可以略微打开一点，因此6—7英寸（15—18厘米）的手腕都适合佩戴。如果你的手腕尺寸小于6英寸（15厘米），将银丝剪为5.75英寸（14.5厘米）即可。

2｜给银丝退火并清理干净。

3｜退火后，用修整锤将银丝一端锤平整（这被称为将银丝"桨形化"），尽量保持只锤击银丝最末端的0.5英寸（1.3厘米）处（**见图1**）。

4｜用锉刀把末端锉圆。锉圆后，用修整锤再锤一两下以保持表面平滑一致。

5｜将另一端桨形化、锉圆，确保两端是水平的，而不是垂直的（**见图2**）。

6｜测量银丝并标记出中点。将这部分放在台板上，用修整锤精确有力地锤击几次，使中间变扁的部分略宽于1.5英寸（3.8厘米）（**见图3**）。要让银丝看起来光滑、笔直。如果银丝看上去弯曲、变形（以错误的方式锤击就会这样），那就停止锤击，用手指或尼龙口钳使其变直。

7｜当对锤平的部分感到满意时，在锤平区域的中间位置刻印。

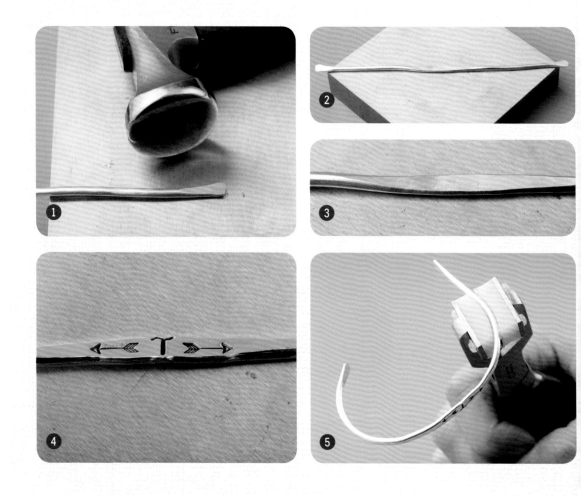

提示：

■ 如果银丝只向着一个方向延展而另一个方向没有延展，这意味着你在锤击时锤子倾斜了，要确保锤头与台板平行。

■ 不要把银丝锤得太薄，否则它会变细弱，甚至可能会弯曲、扭结或断裂。只要锤出足够的空间来刻印几个图案和一个字母即可。

8 | 将印痕黑化，清洗干净（**见图4**）。如果该部分有任何损毁，用砂纸或钢丝球清理干净。

9 | 用弯镯钳把银丝压圆（**见图5**）。然后将其凹成字母"C"的形状（适合你手腕的形状），而非一个完整的圆环，这样你就可以佩戴了。

我们用铜丝做了几次练习，结果发现效果很好。长条印模适合印在手镯上，因为扁平的部分看起来就像是专门为这种印模而做的，你也可以用更小的字体在手镯上印单词或人名。

网眼项链

这款设计源于一次"快乐的失误"。我们之前印错了，然后胚料上有一块显得很不美观（不是这块鸟形胚料，是另一块）。为此我们把丑陋的部分冲掉，然后在背面铆接了一些东西，方便透视，也能凸显它的魅力。（莉莎注：这就是泰伦，她能用柠檬做出柠檬汁，也能用球芽甘蓝做柠檬水！）现在我们就是要使用这种技巧，因为它相当漂亮。

印模
装饰艺术扇形

灿烂心形

技能水准

中阶

成品尺寸

图示中的鸟形核心部件尺寸为1.75英寸×1.25英寸（4.5厘米×3.2厘米）。

工具

刻印工具清单

铆锤

强力打孔钳

1.5毫米的打孔钳

金属剪

压线钳

剪线钳

锉刀

细尖耐久性记号笔

材料

麻雀形黄铜胚料

直径为0.5英寸（1.3厘米）的圆形胚料

柔性串珠丝

珠子

褶珠

褶珠盖

钩扣

延长链（可选）

平头铆钉

五枚厚度为18、内径为3毫米的扣环

操作说明

1 | 用胶带将麻雀形胚料黏到台板上,这样胚料就不会移动了。

提示: 装饰艺术印模适合这款设计,因为圆边可以做出鸟的圆形面部。这种图案给人的感觉跟羽毛相似。可以选用不同的印模,我们选用羽毛印模、树叶印模和星号印模做了一款类似的设计。多种印模刻印的效果不错。

2 | 从鸟形头部的一侧开始,向鸟形尾部进行刻印。时不时停下来,看看进度。我们本来打算用图案印模将整个胚料印满,但中途停了下来,因为我们喜欢已刻印区域和未刻印区域之间因反复刻印而产生的鲜明对比。即使某些印模不像这种印模一样可以紧密排列,但请想一想在曼陀罗刻印过程中图案是如何从不同的部分"延伸"出来的,这里同理。一旦印完了一行,就在印模之间印下一行(**见图1**)。

提示: 别忘了留白也可以很美。

3 | 如果胚料变形,就将其朝下垫一块皮革放到台板上,用塑料锤锤平。

4 | 用耐久性记号笔标记网眼的位置。我们将其放在我们认为是麻雀心脏所在的位置,画一个小圆圈作为标记,然后用强力打孔钳上最大的冲头($\frac{9}{32}$英寸、7毫米)打孔(**见图2**)。

5 | 将印痕黑化、抛光。

6 | 在孔的两侧标记铆钉的位置。尽量贴近孔的边缘,但要留有足够的空间,这样你才不会印出边缘。用1.5毫米的长嘴打孔钳打出这两个孔(**见图3**)。

7 | 接下来的部分可以通过两种方式中的任何一种完成。你既可以用一块预制的胚料作为网眼的背面,也可以从金属薄片上剪下一小块。重要的是确保网眼胚料两侧为$\frac{1}{8}$英寸—$\frac{1}{4}$英寸(3—6毫米)的铆钉留出足够的空间。我们用了一个0.5英寸(1.3厘米)的圆形片胚料,最终剪掉一部分以保证贴合,因为麻雀形是一个不规则的形状。在一块薄片上刻印的好处是,你在专注刻印或浪费任何胚料前可以先刻印大量不同的印模,然后把顶部的部分覆盖到上面,查看其外观效果。

8 | 在中间位置刻印0.5英寸(1.3厘米)的圆形图案,将其对齐放在鸟形胚料上的孔后面。如果有任何部分从鸟形后面伸出来或不贴合鸟的形状,用耐久性记号笔标出来,锉削或剪掉多余的部分。

9 | 将印痕黑化、抛光(**见图4**)。

10 | 用细尖耐久性记号笔,透过胚料顶部的孔在圆形胚料上标记两个孔,用1.5毫米的打孔钳先在圆形胚料上打1个孔(**见图5**)。

提示: 尽管我们只打一个孔,但我们习惯于标出两个孔,这样我们可以将另一个孔摆正对齐,确保背面的胚料位置准确。

11 | 将平头铆钉从圆形胚料的背面穿过来,然后再向上穿过麻雀形胚料。将平头铆钉剪切到1毫米,用铆锤将这一侧铆接到位。铆接时确保后面的图案位置准确,如果图案位置偏了,就要在铆接到位前将其归位。

12 | 透过另一个铆钉孔向下打孔,穿透圆形胚料,这一边也要铆接好。

13 | 接下来,在尾部和翅膀部分分别打一个孔。这两个孔非常重要,因为它们的位置将决定项链的悬挂状态(**见图6**)。

14 | 每一侧加一枚扣环。

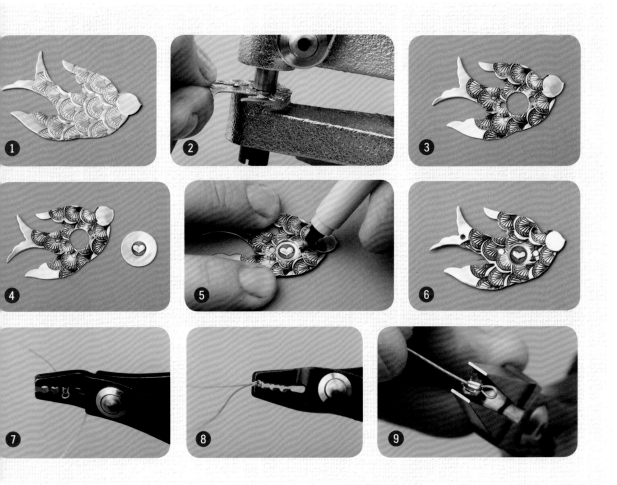

15 | 压接：我们把吊坠挂在一串珠子上，用一条胶带黏在柔性串珠丝（如Soft Flex）的一侧。把珠子串上，留出一段6英寸（15厘米）的线尾。

16 | 在末端串一粒褶珠，再串上钩扣，然后将线尾从褶珠绕回来，拉紧。这样环就会收紧，但至少要留有2英寸（5厘米）的松弛部分。

17 | 用压线钳将褶珠压成"C"形（**见图7**）。

18 | 现在转动钳子，将"C"形夹紧至完美闭合（**见图8**）。

19 | 在褶珠上包一个褶珠盖，使其看起来更完美。将褶珠盖压紧（**见图9**）。

20 | 将珠子串到串珠金属丝上，另一端重复此操作。

21 | 利用扣环在线尾加一个钩扣。如有需要，可以加一条延长链。

22 | 在串珠丝的另一侧重复此操作，利用扣环将两段串珠金属丝连接到刻印好的胚料上。

铆接手镯

你需要花点时间来设计图案和花纹，长条金属上有很大的创造空间及各种各样的选择！可以考虑搭配对称的、单边的、相衬的或随机的图案。

操作说明

1 捏住你的小指和大拇指。测量你关节的外周长。别把卷尺拉得太紧，也别太松弛（**见图1**）。

2 在总长度上增加1—1.5厘米（0.4—0.6英寸），这会留出5—7毫米作为两侧铆接时必要的重叠部分。

3 测量胚料的长度，并从上面的长度中减去胚料的长度，这就是你需要的扁丝长度。将扁丝剪为这一长度。例如，我的关节周长是19.8厘米，因此我加上1.5厘米，就等于21.3厘米（$8\frac{3}{8}$ 英寸）。我用的长方形胚料长为4厘米，因此从21.3厘米中减去4厘米，即将扁丝剪为17.3厘米（$6\frac{5}{8}$ 英寸）。

4 在扁丝上刻印。我们在扁丝的中间位置画一条竖线，然后把佛头印模的顶部/冠部与中心线对齐，并在另一侧与之镜像对齐（**见图2**）。

提示： 把这个花纹随机组合在一起进行刻印，形成波希米亚风格，或者测量尺寸并进行绘制，形成更加精确的风格。

5 如果原本平整的扁丝变形了，就将其放在台板上，用塑料锤从多角度将其锤平。如果刻印的一面朝下，别忘了在台板上垫一块皮革或某种护垫，这样台板就不会弄坏银丝（**见图3**）。

6 当塑料锤完成其任务后，用锉刀平整的一面来清理边缘。这一步并非必要，但是锉削过的边缘干净平直，外观漂亮，配以只有刻印才能形成的质感和痕迹，自然有其独特魅力。

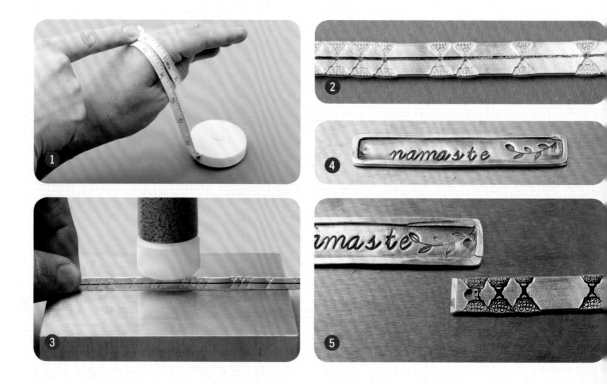

提示： 锉削扁平的银丝会有难度。我们用一块木头（2英寸×4英寸），来垫高手镯，这样就可以随意锉削而不会伤到手。

7| 在胚料上刻印。如果计划在胚料上刻印大量的文字或图案，务必确定好铆钉的位置，确保将它们融入设计之中，或者为其留出空间，这样它们才不会影响刻印。

提示： 我们使用的长方形胚料实际上原本是一个吊坠。我们把上面的环剪掉，然后锉平了。

8| 使用耐久性记号笔标记两枚铆钉在长方形胚料上的位置。在两处标记上用句点印模刻印，这就是钻头的参考位置（**见图4**），然后钻孔。

9| 在你喜欢的位置将胚料与扁丝精确对齐。透过长方形胚料上的钻孔标记一个点，再次检查间距，因为我们在测量时仅仅预留了5—7毫米的重叠部分。如果重叠得过多，就重新将其对齐，并考虑这5—7毫米的间距。在扁丝的标记上刻印句点图案，然后钻孔（**见图5**）。

10| 在台板上将胚料一侧铆接，确保紧实美观（**见图6**）。

11| 用弯镯钳弯曲手镯（**见图7**）。

12| 对准另一个铆钉孔。将平头铆钉穿过该孔，然后放在手镯心轴上（将心轴放在沙袋上）以铆接闭合（**见图8**）。

提示： 如果没有手镯心轴，可以把一个修整锤的锤头牢牢固定在台钳上，锤头朝下且靠近台钳，锤尖的一端朝上。为确保锤子稳固，锤头与台钳的距离不能太远，这一点至关重要。接下来，将手镯套到锤柄上，滑动到锤尖，然后在此处铆接。这种方法可以完美替代手镯心轴在曲面上完成铆接。

带有绕丝宝石的花园手镯

现在是时候充分利用你收藏的每一个花朵、叶片和树枝印模了。这款设计会教你如何将自己的印模汇集成一座美丽的花园，然后在上面镶嵌你挑选的宝石。如果没有宝石，这款首饰作为一款花园印模手镯也依旧惊艳。

印模
各种大自然图案印模

技能水准

中阶

成品尺寸

图示中的手镯尺寸为6英寸×1英寸（15厘米×2.5厘米）。

工具

刻印工具清单

弯镯棒

塑料锤

钻机

1毫米的钻头

剪线钳

尖嘴钳

中号砂锉

细尖耐久性记号笔

材料

1英寸×6英寸（2.5厘米×15厘米）的铝质手镯胚料

长度为12英寸（30.5厘米）、厚度为24的标准银圆丝

扁平的珠子，孔间距约1英寸（2.5厘米），孔内可穿过厚度为24的圆丝

操作说明

1 | 将珠子放在手镯胚料的正中心，并用耐久性记号笔标记边界。这就是在珠子周围刻印边界线的参考线（**见图1**）。

2 | 开始刻印，从珠子所在的中心圆圈内侧向外侧刻印，确保印痕与珠子相称（**见图2**）。

> **提示：** 在边界线的内侧刻印是完全没有问题的，尤其是一些长条印模，例如树枝印模。你可以让树枝看起来像是从里面伸出来的一样。但是，刻意在圆圈内侧刻印是多此一举，因为那些印痕最终会被遮住。

3 | 从该中间部分开始向外延伸进行刻印，并开始在所画曲线上进行刻印（**见图3**）。

> **提示：** 如果你想要确定刻印的方向，可以先画出一些曲线。想象一下自然状态，因为我们想要模拟出自然之美。在不同的角度下反复使用印模，将刻印部分黑化、抛光，以便清晰地观察图案的走向是否符合你的品位。

4 | 不断延伸，让刻印沿着一定的方向自然蜿蜒，不要把图案刻得太过对称。

5 | 对图案满意时就停止刻印，然后黑化、抛光（**见图4**）。

6 | 把胚料边缘锉干净。如果想让边缘保持笔直，那就要花点时间将其锉平滑。旋转锉刀的角度，把手镯的边缘锉圆，并且确保将锋利的边缘处理干净。

7 | 把珠子地放在你计划好的位置。用耐久性记号笔在珠子两侧各标记一个孔，绕丝会

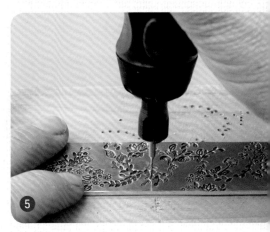

从孔中穿过。将手镯放在一块软木上，用钻机钻孔（见图5）。

8｜用弯镯棒让手镯胚料弯曲。如有需要，用手调整一下。

9｜剪一段6英寸（15 厘米）长、厚度为24的银丝，将珠子串到银丝的中间位置。用手将珠子两边的银丝向下弯折，让银丝尽可能贴紧珠子。将银丝的末端穿过手镯上的孔，确保珠子的位置精准（它应与刻印的图案痕迹相贴合）（见图6）。

10｜将银丝从对面的孔穿回到手镯的前面，向上拉，然后将银丝的末端缠绕在从珠孔到手镯孔中间的那部分银丝上（见图7）。

11｜将银丝尾端剪掉，然后隐藏起来。

尝试间隔使用印模，这样就感觉不出来是同一个印模被反复使用，也不要过多使用某一种印模。这可能会有点麻烦，因为自然界中到处存在着重复的现象。可以思考一下风的图案，以及它是如何吹动树叶和花朵的。

没有树枝印模的情况下可以改变你的设计，形成风吹花叶的状态。

折片耳环

对于这款设计，我们会以半圆形为主进行刻印。从弧形印模（如太阳光线印模）开始，或者利用圆形胚料或模板画出曲线，再以此为参考进行刻印。我们喜欢这对前后两面都被刻印的耳环。这意味着，从任何一个方向看，它都很美。

技能水准

中阶

成品尺寸

图示中的每只耳环尺寸为0.75英寸×1.75英寸（2厘米×4.5厘米）。

工具

刻印工具清单

尖嘴钳　圆嘴钳　剪线钳

大号缠绕钳　修整锤

中号绕圈钳　尼龙嘴钳

扁嘴钳　1.5毫米的打孔钳

尼龙锤　与台板对齐的皮革

尺子　圆形模板　耐久性记号笔

材料

两块厚度为24、0.75英寸（19毫米）×$1\frac{19}{20}$英寸（50毫米）的、大块长条匾板形标准银胚料

长度为8英寸（20.5厘米）、厚度为18的极软标准银丝

两段长度为6英寸（15厘米）、厚度为20的极软标准银丝

印模

Chronicle字体，大写V

Block字体，小写v　断箭连羽尾

冲子或句点　2.5毫米的圆形

太阳光线

操作说明

1｜ 用胶带把胚料粘到台板上。我们喜欢先用边缘刻印把边缘刻印好，以此为基础开始延伸图案。

> **提示：** 用胶带黏住胚料，防止其滑动。必要时，可以撕掉胶带。

2｜ 在整个胚料的边缘上刻印。由于在胚料边缘刻印会使胚料变形，如有需要，可以用尼龙锤把胚料锤平（**见图1、2**）。

3｜ 使用曼陀罗刻印技巧。在这款设计中，我们刻印拱形图案时会不断改变方向（**见图3**）。

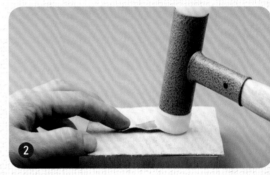

> **提示：** 如果印坏了，继续刻印。这对耳环的魅力在于它有正反两面，你可以选择把漂亮的一面作为正面。（注：我们喜欢字母V顶部浓密的衬线，这给人一种大曲线的即视感。）

4｜ 继续刻印，直到你刻印到胚料的另一端，偶尔移动胶带的位置，避免妨碍你刻印。必要时用尼龙锤锤平胚料（**见图4**）。制作两块胚料。

5｜ 黑化，然后抛光（**见图5**）。

> **提示：** 黑化与抛光有助于你更加清晰地观察图案生成的过程。

6 | 用直尺和耐久性记号笔，标出胚料的平分线。我们以胚料上的点为参考，然后在两侧靠近边缘的地方各打一个1.5毫米的孔（**见图6**）。

7 | 用中号绕圈钳夹住胚料的正中心（中心线所在位置），盖住两侧的孔。将心轴中较细的一段放在胚料未被刻印的一侧（这一侧将成为内侧），用手将胚料两侧绕着较细的心轴缓慢而小心地向下拉。务必同时拉动两侧，这样它们下拉的程度是一样的（**见图7**）。

提示： 我们正在小心地将这块胚料对折，让两侧对齐。有时，钳柄会影响胚料的对折。为此，将胚料微调，或将其取下再安在钳柄的反面。当完成弯曲但未完全闭合时就可以停止下拉。

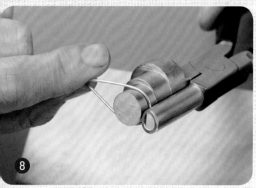

8 | 剪两段4英寸（10厘米）长、厚度为18的标准银丝。把银丝中间缠绕在大号缠绕钳最细的一段上，形成一个长长的"U"形（**见图8**）。

9 | 十字交叉银丝的两端，用手摁住。将银丝弯曲的部分放在台板上，用修整锤的锤头轻轻地锤击。这有助于固定形状，让外观平整、好看（**见图9**）。

提示： 注意不要让圆圈变大，捏住交叉处以保持圆圈大小不变。

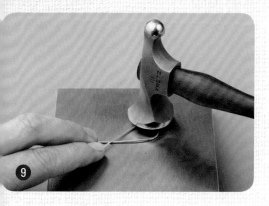

10 | 另一段银丝上重复以上操作。如果两段银丝看起来有差异，尽力调整，使之看起来对称。

11 | 用扁嘴钳和手弄直两段银丝，使两边互相平行。用修整锤的锤头轻轻锤击变直的银丝的两边。

12 | 在距离"U"形银丝顶部0.75英寸（2厘米）的下方做一个标记。

提示： 如果你有意延长或缩短这对耳环，你可以调整长度。

13 | 从标记处向下量出0.5英寸（1.3厘米）的距离，然后剪切银丝。

14 | 将银丝穿过胚料上的孔。你可能要略微打开胚料才能穿过银丝，再用扁嘴钳在标记的地方将银丝向胚料中心线弯成90°角（**见图10**）。

15 | 银丝会彼此紧贴。弯曲银丝并且使之与胚料对齐至关重要，如果银丝歪斜或不平整，它们就会扎到耳环（**见图11**）。

16 | 用手指再次捏合折叠的部分，注意把胚料的各边对齐。如果没对齐，使用尼龙嘴钳来调整。如果这个方法也没用，可以重新打开胚料，再慢慢捏合。用力捏，使之对齐。因为我们不想在金属胚料上留下任何痕迹，所以我们用手代替尼龙嘴钳进行操作。

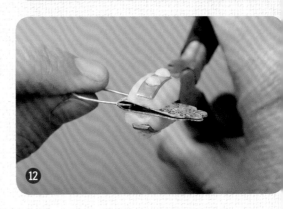

17 | 当胚料两端完美对齐时，用尼龙嘴钳将其夹紧一些（**见图12**）。

18 | 制作耳钩，然后串上即可。

　　这款设计可采用的胚料很多，我们建议使用较长的胚料，因为它们相对容易对折。但是，如果你决定利用圆形的胚料（嘿，就是练习曼陀罗用的圆形胚料），那就开始制作吧！退火处理适用于长宽相同的胚料。我们不建议使用厚度超过24的胚料。

蕾丝扇形项链

　　这款设计用到的刻印技巧与曼陀罗刻印技巧相似，但不同于后者使用各式各样的印模，这款设计专注于使用圆形印模和"O"形印模。我们希望制作的圆环看起来像是梭织或钩织而成，或者是在金属上刻印出"蕾丝"一样。我们不是在每块胚料的中间刻印曼陀罗图案，而是在胚料边缘刻印并不断改变印模，从而使其看起来更加自然。

技能水准

高阶

成品尺寸

图示中的项链尺寸为16英寸×0.5寸（40.5厘米×1.3厘米）。

工具

刻印工具清单

强力打孔钳

下拧式打孔机

扁嘴钳

尼龙锤

重型锉刀

材料

五块2英寸×0.5英寸（5厘米× 1.3厘米）的标准银扇形围边胚料

16英寸（40.5厘米）长、1.5毫米厚的标准银爆米花链

印模

Kismet字体，大写O，2毫米和3.2毫米

Kismet字体O，7毫米

心头箭形　蕾丝边心形　条纹心形

三角曲线形　螺旋括弧形　双鱼形

度数符号

圆形，2.5毫米

句点形

操作说明

我们在这些胚料上的刻印有四种基本风格。

部分刻印的胚料

这种风格是在胚料的一小部分上刻印一小部分蕾丝图案，进而让你思考正空间（刻印了的空间）和负空间（未经刻印的空间）。胚料的尺寸要足以展示庞大的视觉信息，但不会大到让你看到图案全貌。从胚料一角开始刻印蕾丝曼陀罗图案，只刻印满胚料一部分的设计看起来很棒。但未经刻印的负空间也同样漂亮。

1 | 在胚料上画一段弧线作为参考线。

2 | 使用挑选的印模在参考线的外边缘刻印（**见图1**）。

3 | 在参考线的内边缘刻印另一种图案印模（**见图2**）。

4 | 用其他印模继续刻印，直到曼陀罗的部分被刻印满（依个人喜好）。

5 | 黑化、抛光（**见图3**）。

带扇边的、部分刻印的胚料

这种风格与上面的风格类似，但在扇边刻印、增添带孔的纹理可以增强装饰效果。

提示：将扇边用作一种图案，这种边缘如此精致美观，因此，融入扇边图案会更有趣。

6 | 在胚料上画另一段弧线。

7 | 沿着该线进行刻印，中间保留一定间距或者紧贴，然后在胚料底部的扇边上刻印相同的图案（见图4）。

8 | 在基础花纹印痕周围进行装饰（见图5）。

提示：在底部，我们部分地刻印了7毫米的、Kismet字体的"O"，这样就能刻印出那种里面带有圆点的拱形图案。

9 | 当完成全部的图案刻印后，可以考虑用句点印模填充空白的地方。

10 | 在你认为可以提升图案质感的地方，用下拧式打孔钳进行打孔。然后黑化、抛光（见图6）。

提示：

■ 孔也能成为图案的一部分。思考如何巧妙排列孔的位置，从而形成刻印图案不同的圆圈和圆环，这些孔可以给本就酷炫的设计增添轻盈之感。

■ 我们没有急着先打孔，那是因为如果先打孔，刻印的时候又贴着这些孔，就有可能使金属变形或让孔歪斜。

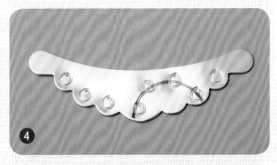

提示：查看一下蕾丝图片或实物，见识各种各样的图案有助于激发灵感。

全部印满蕾丝的胚料

这种风格把胚料利用到了极致。它是一种华美的风格，可以让你充分练习如何将蕾丝花纹刻印得恰到好处。

11｜开始先使用适合在胚料扇边上刻印的印模，在每块扇边上刻印。然后，就像在曼陀罗上刻印一样，朝着隐形的圆心向上均匀、连续刻印，直到将胚料刻印满（**见图7、8**）。

边缘刻印蕾丝的胚料

当你按照曼陀罗的风格刻印时，你可以从中心向外延伸，也可以从边缘向内延伸。如果想在没有中心点的金属胚料碎片上创作图案，这种风格很实用。我们喜欢用这种风格创造完整图案，但也会给孔留出透气的空间。

12｜用全部印满蕾丝胚料的风格刻印这款设计，但要在刻印满之前停下来（**见图9、10**）。

其他锤子

13｜用强力打孔钳上 $\frac{5}{32}$ 英寸（约4毫米）的冲头，在所有胚料的两端都打上孔。打孔前把冲头与胚料对齐并居中，使得孔周围的边距相等（**见图11**）。

14｜使用耐久性记号笔在胚料背面，从最后的扇边凹陷处到配料两边的上边缘顶各画一条线（**见图12**）。

> **提示：** 打完孔后，将胚料从冲头上扭下来。不要仅仅打开钳口来松开胚料，因为这样做会让胚料弯曲或变形。

⑦

⑧

⑨

⑩

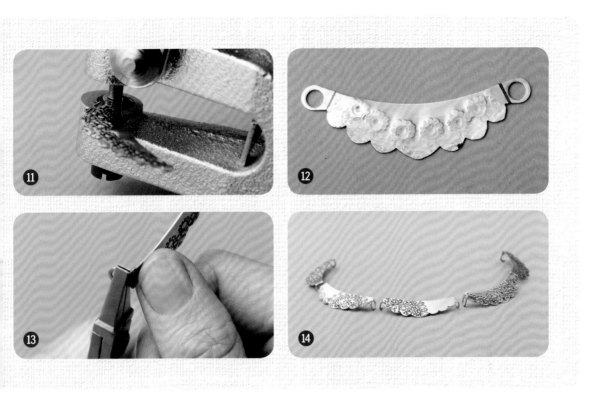

15 | 用扁嘴钳从一个角度弯折胚料的末端，使链子能够穿过去。弯折胚料时，务必使用扁嘴钳，并将钳子的边缘与标记线对齐。让标记线贴着钳口边缘，而非钳口下面。如果胚料弯折的部分过多，胚料就会从钳嘴凸出来（**见图13**）。

16 | 把胚料全部摆在桌子上，按照个人喜好有序排列好（**见图14**），然后将其串到链子上。

绕丝戒指

如果你和我们一样，那就会有各种印模项链和手镯。虽然印模戒指不多，但我们也很喜爱戒指！这款设计结合了刻印和金属丝制品的制作技术。制作时，你可以随意使用各种尺寸和形状的胚料，也可以尝试椭圆形胚料或者变为菱形的正方形胚料。

技能水准

中阶

成品尺寸

各异。图示中的胚料尺寸为0.75英寸（2厘米）。

工具

刻印工具清单

尼龙嘴弯戒钳

下拧式打孔机

戒指心轴

尖嘴钳

剪线钳

耐久性记号笔

材料

直径为0.75英寸（2厘米）、厚度为22的标准银圆形胚料

长度为15英寸（38厘米）、厚度为24的极软标准银丝

印模

Chronicle字体，大写L

三角曲线形

大条纹心形，小号

圆形，2.5毫米

放射线形

操作说明

1| 在圆形胚料上刻印你喜欢的图案或文字。

2| 黑化、抛光（**见图1**）。

3| 用耐久性记号笔标记你希望打孔的位置，用下拧式打孔机2.3毫米的一边打孔（**见图2**）。

4| 用弯戒钳将胚料塑形（**见图3**）。

5| 将15英寸（38厘米）的银丝一端（从上面）向下穿过一个孔，然后从背面的孔拉出银丝直到线尾长3英寸（7.5厘米）（**见图4**）。

6| 将胚料紧贴于戒指心轴上，胚料的中心对准你要制作的戒指尺寸处。在这款设计中，我们制作的是一个6.5号的戒指，其他的操作都将在戒指心轴上完成，所以要确保戒指始终固定在你想要的戒指尺寸处。

7| 将银丝绕在戒指心轴的背面，并从另一侧孔的背面穿上来（**见图5**）。

8| 将银丝从孔的上面穿出来，朝着孔边向后弯折，然后将银丝绕在戒指心轴背面，从孔的背面再穿到另一个孔（**见图6**）。

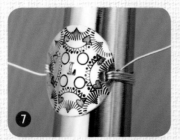
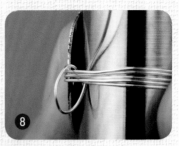

9｜重复上面的操作，两孔之间来回穿线，直到在戒指心轴上缠绕五次。最后一次缠绕，不要从孔的背面穿到正面，相反，从正面穿到背面。完成最后一次穿线后，银丝都是从孔的背面穿出。这个位置很重要，因为缠绕要整洁美观（**见图7**）。

10｜将银丝紧贴着胚料缠绕在银丝束上。重复该操作，继续缠绕。缠绕三圈后，在内侧剪掉线尾，确保金属丝头隐藏起来。在该步骤或其他任何步骤中，不要把戒指从心轴上取下。戒指一直套在心轴上，直至完成制作（**见图8、9**）。

11｜在另一侧重复以上操作。

12｜全部完成后，从心轴上取下戒指，剪掉银丝尾端，必要时可以挤压银丝的尾尖儿（**见图10**）。

提示：用手指操作银丝可能会很困难，因此可以使用尖嘴钳。然而，拉扯或挤压时千万不要用力过度，否则银丝可能会毁坏，甚至折断。

铆接匾板戒指

这枚戒指是由我们最喜欢的匾板形胚料制作成的一款颇具纪念意义的首饰。这款设计可以让你磨炼自己的技能，当然，你的曼陀罗刻印技巧也会达到新的高度。

印模

圆形，2.5毫米

度数符号　太阳光线

灿烂心形　极小的心形　中号心形

鸟翼轮廓形　V形

技能水准

高阶

成品尺寸

各异

工具

刻印工具清单

1.5毫米的长嘴打孔钳

穿孔接合工具

戒指心轴

沙袋

铆锤

剪线钳

尼龙嘴弯戒钳

尺子

耐久性记号笔

材料

一大块厚度为24的匾板形标准银胚料

一小块厚度为24的匾板形黄铜胚料

直径为0.25英寸（6毫米）、厚度为24的圆形标准银胚料

一枚标准银平头铆钉

一枚标准银戒指胚料，适合自己的尺寸即可（图示中的胚料尺寸为6号，5毫米宽）

操作说明

1 用尺子和耐久性记号笔, 在大块的匾板形胚料中间沿竖直方向和水平方向各画一条线, 将其四等分。

2 在匾板形胚料的周围刻印。一定要利用中间的参考线来保持印模之间的等距。像这种匾板形状以及其他一些形状可能会给边缘刻印带来一定的挑战, 但那也正是为何要你慢慢来, 并利用参考线的重要原因。

3 将较小的胚料放到较大胚料的中间并对齐, 观察较小的胚料覆盖上去后效果如何。如果空间较大, 看上去需要继续在较大的胚料上刻印, 那就继续刻。如果没有, 则继续在较小的胚料上刻印。

4 用耐久性记号笔将较小的胚料四等分。用灿烂心形印模在这块胚料的边缘再次进行部分刻印, 形成双衬边缘。因为这块胚料较小, 我们

只能将少部分灿烂心形印模放在胚料上, 大部分都放不上去。

5 用曼陀罗刻印技巧在小匾板胚料的剩余空间上从中心向外刻印。为了刻印出"眼睛"的形状, 我们使用了太阳光线印模, 巧妙地将其紧贴于四等分线上。全部印模都要与四等分线对齐, 慢慢来(**见图1**)。

6 在金属片上刻印, 再用0.25英寸(6毫米)冲头的圆孔冲片器打孔, 或者就在一块预制的0.25英寸(6毫米)的圆形胚料上刻印, 形成一种定制的刻印铆接风格。

7 在圆形胚料上打一个1.5毫米的孔(**见图2**)。

8 在小匾板形胚料上两线相交处打一个1.5毫米的孔, 将胚料的顶部黑化、抛光。

9 将该胚料贴在较大的匾板形胚料上, 观察放在哪个位置最好看。透过上方较小的匾

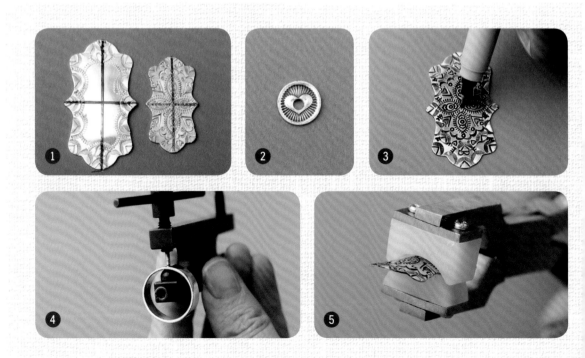

板形胚料上的孔做一个标记，标出较大的匾板形胚料上孔的最佳位置（**见图3**）。

10 | 在较大的胚料上打出该孔。

11 | 黑化、抛光。

12 | 在戒指水平的中心位置标出孔的位置。

13 | 用 $\frac{1}{16}$ 英寸（约2毫米）的冲头打孔。我们使用这种冲头的原因是它有一个半圆形的底座，可以给圆形物体打孔，而无需将其压平（**见图4**）。

14 | 用尼龙嘴弯戒钳，分别将两块匾板形胚料横向压出优美的弧线（**见图5**）。

15 | 将铆钉穿过戒指，然后将较大的匾板形胚料放在铆钉上，标出胚料两边与戒指相接触的地方。这么做是为了标记戒指上刻印和装饰的位置（**见图6**）。

16 | 取下匾板形胚料，移除铆钉。将戒指套到戒指心轴上，放到沙袋上，在戒指的标记处或周围进行刻印（**见图7**）。

17 | 准备好将戒指和铆钉。然后将铆钉穿过戒指，依次将大匾板形胚料、小匾板形胚料和刻印

风格的圆圈串到铆钉上，将这些组配好的部件一并放在垫着沙袋的戒指心轴上。在戒指心轴的另一边也垫个东西以保持平衡，什么东西都行，一个盖子、一摞书或者手边的锤子的锤柄，只要能让心轴末端平衡就可以，这样心轴就不会从沙袋上掉下来。

18 | 修剪铆钉，只留下1毫米（**见图8**）。

> **提示：** 保证铆钉的金属材质与戒指上面的金属材质相匹配。这样，铆钉就能与戒指完美融合。

19 | 用铆锤铆接。在敲击铆钉之前，确保顶部的心形胚料位置准确（**见图9**）。

20 | 最后抛光一次，就可以佩戴上这枚戒指了。

亡灵吊坠

这款设计非常考验刻印技能，它的前后两个部分是铆接在一起的。对于这款设计，用到的图案印模越多越好。我们列出了用到的全部印模，这也是你使用各种印模的极佳时机！

印模

Kismet字体，大写，2毫米和3.2毫米

kismet字体，数字，2毫米

燕子，小只和大只两种，朝左和朝右各两枚

句点形　极小的星形　灿烂心形

大条纹心形，小号和大号　极小的心形

小尾羽形　弯折括号边缘形　三角曲线形

阳光曲线形　印第安人的头饰

圆形，小号（用作眼睛）和中号（用于下巴）

大写Kismet字体，字母C

技能水准

高阶

成品尺寸

图示中的吊坠尺寸为1.25英寸×1.75英寸（3.2厘米×4.5厘米）。

工具

刻印工具清单

弯镯棒　锉刀　铝片

铆锤　剪线钳　金属剪或珠宝锯

规格为2号的锯条　固定式锉座

切削润滑剂　钻头旋转工具

规格为60号的钻头　重型扁锉

小圆锉　冲子　下拧式打孔机

颅骨形模板　Elmer牌胶水

耐久性记号笔　沙锥（可选）

锡剪（可选）

材料

4英寸×4英寸（10厘米×10厘米）、厚度为18的铝片

$\frac{3}{32}$英寸（5毫米）的标准银管

模板

装饰性平头铆钉

一枚厚度为16、内径为7毫米的扣环

操作说明

对称和精度对这款设计至关重要，因此在将齐颅骨形两侧的胚料对齐时千万不要着急。

1｜ 从纸上剪下一个颅骨模板，用一支细尖记号笔把颅骨的形状描到铝片上或者将纸模贴到铝片上（**见图1**）。

2｜ 用珠宝锯或金属剪在铝片上裁剪出颅骨形状（**见图2**）。

3｜ 剪完后，用水把铝片上的纸模洗掉。

提示：

■ 为了教学，我们会教你如何描出并剪出颅骨的形状，你也能买到这种已经做好的颅骨形胚料（Bea-duction.com上有售）。

■ 如果你用的是锡剪，铝片可能会略微变形。如果出现这种情况，只需用塑料锤将其在台板上锤平。

■ 我们用剪刀来剪颅骨的形状。剪刀使用起来很简单，所以我们很喜欢用。精准地剪出颅骨的形状并不是非常重要，因为我们在加工的过程中会进行大的调整，并且刻印也会改变胚料的形状。最后，我们会用锉刀和旋转工具来处理。

4｜ 开始设计印模的位置。谨记，我们会加上两枚铆钉，因此要标出这两个点，在它们的周围进行设计。其中一枚铆钉是位于头部顶端的管状铆钉，也会固定住扣环，另一枚铆钉位于下颌底部。仔细思考一下印模和颅骨的大小，胚料的大部分空白处集中在前额。因此，这一块便是纵情创作之处。眼睛、鼻子和嘴巴装饰的难度会有点大。

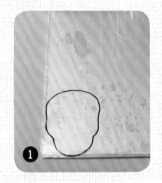

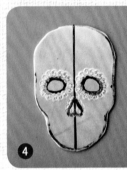

提示：
为这款设计挑选印模很有意思！寻找有镜像的印模（例如燕子），因为它们看起来就像是为这款设计而制作的。

5｜ 沿着颅骨中心画一条垂线，这将有助于保证颅骨两侧对称，再画出眼睛的位置（**见图3**）。

6｜ 在眼睛周围密集地刻印上2毫米的、Kismet字体的大写字母"O"，字母"O"的底边要紧贴着这条线。

提示：
在眼睛内部1—2毫米处画出轮廓，以此作为参考线，将印模的边缘与之对齐。或者剪一小片能贴合于眼睛内部的圆形胶带，将胶带边缘作为字母"O"底部的参考线。

7 | 在铝片上画一个上下颠倒的心形当作鼻子，并在周围进行装饰性的刻印，方法与刻印眼睛的方法相似。在我们的设计中，我们使用了大条纹心形的圆边（与尖边相对）（**见图4**）。

8 | 上齿用Kismet字体的大写字母U刻印，下齿用Kismet字体的小写字母u刻印。在牙齿顶部和底部所在的位置分别黏一条胶带或者画一条线（**见图5**）。

> **提示：** 当你刻印像牙齿这种需要精确定位的印模时，要先将其刻印好，再在其周围刻印其他装饰性的印模。

9 | 自顶部开始，从中间向两边刻印图案。

> **提示：** 用胶带作参考线，确保对称的印模位于同一条水平线上。

10 | 在下巴部分进行刻印，但要记得给下巴上的铆钉留出位置。

11 | 将脸部的其余部分刻印满。此时，大部分的刻印工作就完成了。如果铝片上还有大块的空白，就再加上一些图案（**见图6**）。

> **提示：**
>
> ■ 如果仍有空白的部分，就用句点印模、小巧心形印模、小星星印模或小螺旋印模等小号的印模来填充。
>
> ■ 句点印模图案刻印的大小取决于锤击的力度。好好利用这一点，你可以刻印大的句点图案或者小的句点图案，又或是连续地刻印一排句点，创造一种从大到小再回到大的渐变效果。

12 | 黑化、抛光（**见图7**）。

13 | 用颅骨形模板重新标记整个胚料的轮廓，以防刻印使之变形。由于在抛光的过程中可能把眼睛和鼻子的标记清除掉，因此这两处也要重新标记一遍。

14 | 在每只眼睛内打一个孔，然后将珠宝锯的锯条穿过那个孔，并重新将锯条装到锯弓上，锯出眼睛部分（**见图8**）。重复此操作，完成另外一只眼睛。

> **提示：** 慢慢来，把这一步做好。相较于精准地锯出这样一个形状，锯出一条平直的线则是轻而易举的事情。

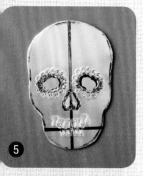

15 | 使用旋转工具和小号钻头来钻鼻子处的孔。针对鼻子处的孔，需要换用这样的工具。开孔后，锯子穿过该孔，锯出鼻子。

16 | 对照模板检查颅骨的形状，锉削多余的金属。如果有大量多余的金属，可直接用珠宝锯锯掉（**见图9**）。

17 | 使用模板在新的铝片上制作第二层颅骨。描出轮廓，然后剪出该形状。

18 | 将刻印好的颅骨放在第二层颅骨上方，用耐久性记号笔画出眼睛和鼻子处的孔（**见图10**）。

19 | 在底部铝片的正面（能透过顶部铝片的眼孔看到的那一面），在眼睛的位置刻印花朵图案。瞳孔处刻印最小的气泡印模。然后将3.2毫米、Kismet字体的字母"O"与之对齐，弯曲的部分朝向中心，开始在中心圆的周围刻印，并在鼻子轮廓的正中央刻印一个小巧心形（**见图11**）。

提示： 这里非常适合刻印小巧心形。如果心形略大，可以居中，或者在刻印的时候根据鼻子处的孔看见的最具装饰性的部分刻印。

20| 如果有需要，用塑料锤将铝片锤平，黑化，但不要抛光。

21 | 将两层铝片重叠对齐，再次检查是否对齐。如果两者对不齐，锉削突出的边缘，使之对齐（**见图12**）。

提示： 如果刻印出了问题，并且没有了修复的余地，那就从头再来吧！熟能生巧，第二、第三和第四次刻印的作品一定会令人惊叹！

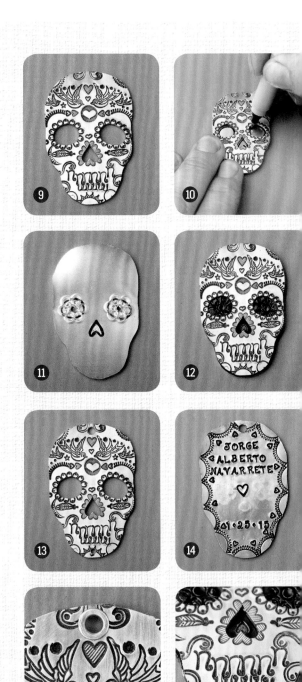

22 | 要将部件铆接在一起，首先要标记你期望打孔的位置（一个在前额，另一个在下巴）。

23 | 在顶部打孔。在前额的孔会是一个管状铆钉，因此使用下拧式打孔机2.3毫米的一边。

> **提示：** 这个孔相对银管而言略小，所以要用一把圆锉，将孔锉大，穿过银管。

24 | 下巴处的孔会用一个平头铆钉铆接，因此使用下拧式打孔机1.6毫米的一边（**见图13**）。

25 | 将两块铝片的边缘对齐，并在底部标出打孔的位置（先不要打孔）。确保像成品一般贴合在一起，相对的面要准确，然后用耐久性记号笔透过顶部的孔在底部进行标记。

26 | 使用下拧式打孔机2.3毫米的一边在前额打孔，可以让管状铆钉穿过（先别在下巴打孔）。

> **提示：** 借助已经打好的孔来对准冲头，直接打穿另一块铝片，这样能确保孔的位置完美。

27 | 在铆接前，在底部的背面（正对肌肤的一面）刻印。你现在已经知道第一枚铆钉的位置了（毕竟孔都打好了），因此在刻印时确保避开那块区域。粗略估计一下第二个孔的位置（孔位仅仅标记在铝片的另一面），刻印时也要避开那块区域。将底部氧化、抛光（**见图14**）。

> **提示：** 这一块区域非常适合刻印所爱之人的名字等信息。

28 | 将顶部和底部的部件对齐，将管状铆钉对准前额处的孔并嵌入（**见图15**）。

29 | 标记第二个孔，打孔并铆接。如果使用的是平头铆钉，让钉头位于背面，在正面进行裁剪和铆接。这样会使得铆钉显得更小且不太明显。如果使用的是装饰性铆钉，让钉头位于正面，然后在背面进行剪切和铆接（**见图16**）。

> **提示：** 没错，有好玩的装饰性铆钉。你能找到心形的、星形的、叶片形的、花朵形的……

30 | 如果你对自己的刻印技术有信心，就在装饰性铆钉上刻印一个小小的图案。

31 | 一切准备好后，用锉刀或旋转工具里的沙锥清理表面顽固的区域。

32 | 将扣环穿过管状铆钉。

银丝刻印手镯

无论是80年代风格的细条叠戴手镯，还是现在更加流行的细丝挂饰手镯，多年来手镯一直是非常受欢迎的一款首饰。这款设计有助于你练习定制适合特定手腕/手尺寸的手镯。你的指关节周长是关键，因为这是你在佩戴手镯时要滑过的最宽处。

技能水准

中阶

成品尺寸

各异

工具

刻印工具清单

修整锤

中号锉刀

尼龙嘴弯镯钳

下拧式打孔机

剪线钳

圆嘴钳

软卷尺

材料

$1\frac{5}{8}$ 英寸（4.1厘米）的羽毛形标准银胚料（任何1.75英寸（4.5厘米）以下的胚料都可以）

长度为8—10英寸（20.5—25.5厘米）、厚度为16的极软标准银丝

印模

羽毛形，小号

度数符号

圆形，4毫米

西南向的线形

句点形

操作说明

1| 在胚料上刻印。

> **提示：** 在刻印像我们之前在底部用到的大号印模时，要确保金属已经退火，并且在有必要的情况下使用2磅的锤子。印好这枚印模需要很大的力气，你可以增加金属的厚度，这样更容易刻印。

2| 使用下拧式打孔机上2.6毫米的孔进行打孔。

3| 黑化、抛光（**见图1**）。

4| 为了确定手镯的尺寸，将小指和大拇指贴在一起，量出指节的外周长。不要把卷尺拉得太紧，但也别留出空隙（**见图2**）。我的尺寸是7.75英寸（19.7厘米）。

5| 增加0.25英寸（6毫米）的调整空间，因此，长度为8英寸（20.3厘米）。

6| 减去胚料上两孔间的距离。我的是$1\frac{3}{8}$英寸（3.5厘米），因此，8英寸（20.3厘米）减去$1\frac{3}{8}$（3.5厘米）得$7\frac{3}{8}$英寸（16.8厘米）。

7| 现在在银丝的长度上再增加0.75英寸（2厘米），便于在两边做环，即长度为$8\frac{7}{8}$英寸（18.8厘米）。

8| 将银丝放在台板上，用修整锤轻击，使其变硬，赋予其一定的质感（**见图3**）。

9| 再次测量，确保银丝没有因锤击而过度延展。倘若过度延展，将银丝修剪回上述的长度。

10| 用弯镯钳把银丝弯成圆形（**见图4**）。

11| 在距离线尾$\frac{3}{8}$英寸（1厘米）的地方各画一条标记线。将尖嘴钳的边缘与该线对齐，旋

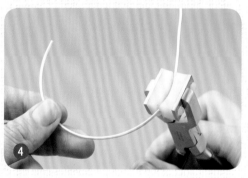

转尖嘴钳，使$\frac{3}{8}$英寸（1厘米）长的线尾朝上，与手镯的其他部分呈90°角（**见图5和6**）。

12| 用弯镯钳挤压胚料，使得胚料也具有一定的弧度（**见图7**）。

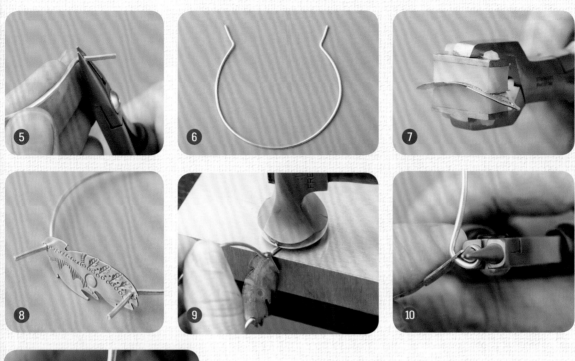

提示： 要想在圆嘴钳上找到 $\frac{3}{16}$ 英寸（4.8毫米）的位置，就得使用毫米规。使用像这样的粗丝时，若要做成典型的圆环，这可以说是最合适的位置。

13｜ 把胚料穿在银丝两端（**见图8**）。

14｜ 将 $\frac{3}{8}$ 英寸（1厘米）长的线尾放在台板上，用修整锤的平头锤击线尾，使之形成"桨形"。我们先把胚料插上，再进行该操作，因为桨形部分最终可能会比孔粗（**见图9**）。

15｜ 在另一边重复该操作。

16｜ 对桨形部分的边缘进行锉削，使之圆滑一些。

17｜ 用圆嘴钳 $\frac{3}{16}$ 英寸（4.8毫米）处的钳口夹住桨形部分的端部，将末端卷起来，基本形成一个环。

18｜ 上一步可能无法做出完美的圆环，但只要两边对称，手镯就会结实、美观，只要确保两边都有个紧闭的环即可。我们喜欢让桨形部分的端部略微重叠（**见图10、11**）。

19｜ 将手镯撑一撑，稍微向外弯曲一点，这样的形状才能让你戴得舒服。

花朵戒指

这款设计展示了如何巧妙地在不规则且不平整的胚料上进行铆接。我们会详细地解释这款戒指的制作过程，同时，此制作过程也适用于胸针（有关提示见文末）。

印模

Kismet字体的大写字母O，2毫米和7毫米

圆括号边框

度数符号

印第安人的头饰

花朵，小号和中号

休止符

成品尺寸

合适的尺寸

组配后的戒指为2英寸（5厘米）宽。

工具

刻印工具清单

各种印模

窝作工具箱里的15毫米金属窝作冲头

沙袋　铆锤　剪线钳

尼龙嘴钳　大号缠绕钳

尖嘴钳

1.5毫米的长嘴打孔钳

材料

直径为1英寸（2.5厘米）、厚度为24的6瓣黄铜花朵

直径为0.75英寸（2厘米）、厚度为24的6瓣铜质花朵

直径为 $\frac{3}{8}$ 英寸（1厘米）、厚度为24的5瓣铜质花朵

长度为1英寸（2.5厘米）、厚度为24的标准银叶片

叶片形胚料

长度为3英寸（7.5厘米）、厚度为12的极软铜丝

银色（比如铝）的圆头铆钉

操作说明

1｜在3块花朵胚料和叶片胚料上刻印。我们建议在每片花瓣胚料上都刻印一枚有趣的印模。

> **提示：** 如果你能找到顶部带环的花朵胚料，可以去掉顶部的环，把边缘锉削平滑。

2｜黑化、抛光（**见图1**）。

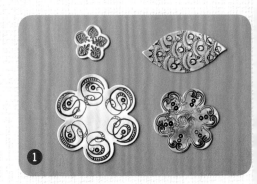

3｜在花朵背面、花瓣之间画出相交的线条，相交点为正中点，在每块花朵胚料的中心打一个1.5毫米的孔（**见图2**）。

4｜将尖嘴钳的边缘与弧形花瓣之间的凹陷处以及中心孔对齐（**见图3**），抵着台板，用尖嘴钳弯曲金属（**见图4**），"∨"形应将刻印部分完全分隔开。

5｜依次操作，将花瓣弯曲一周（**见图5**）。

6｜用尼龙嘴钳弯曲花瓣的边缘，使胚料外展（**见图6**）。

7｜每块花朵胚料都要弯曲，依次弯曲全部3块花朵胚料。

8｜在叶片的一端打一个孔。

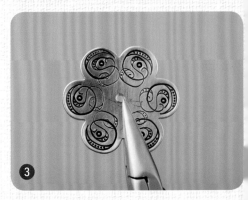

9｜将扁嘴钳的边缘沿叶片中线朝下放置。我们要做出一条"叶脉"，把胚料制作成更像是真实树叶的形状。一定要对准孔的另一侧（孔附近的部分无需弯曲），把台板作为坚实的底座，用钳子增加压力，将叶片胚料对半弯折。如果弯曲过度了，就将其再打开一点。用尼龙嘴钳把孔所在的部分压平，然后弯曲。我们想创造出能完美固定花朵部分的位置。接着将所有花朵以及叶片黑化、抛光。（**见图7、8、9**）

5

6

7

8

9

这款设计无论如何佩戴都很漂亮。我们原本还想要另创一款设计，但很快就意识到它实际上形式多样。你可以完全遵照这个步骤制作，也可以将其铆接在扁丝上，那就能制作出一款花朵手镯，又或者可以在最大的花瓣胚料上打孔，穿上扣环和链子，这样就能制作出一枚可爱的花朵吊坠。

10 | 剪裁戒指所需的铜丝因人而异。由于该戒指是可以调整的，因此只需要大概的尺寸即可。就图示中的戒指而言，我们取了一段长度为2.75英寸（7厘米）、厚度为12的铜丝。用修整锤将金属丝一端锤平，将边缘锉圆滑，并在铜丝上打个孔（**见图10**）。

11 | 用圆嘴钳将另一端稍微向外"弯卷"，增添指环一端的趣味性。锤平铜丝这一端，再锉削边缘，这样它看起来就像是弯曲的了（**见图11**）。

12 | 用一两枚印模在这一端刻印、装饰。

13 | 将最小的花朵胚料和其他花朵以及叶片依次串到圆头铆钉上，然后将铜丝刻印过的一面朝下串到铆钉上。

14 | 拿一个小到可以放在花瓣里但又大到能够撑得住（尽可能大）的窝作冲头，将它和所有刻印好的部件放在沙袋上。再将铆钉修剪至1毫米。

> **提示：** 多层铆接的风险在于，如果它们没有贴合在一起，在锤击的过程中它们之间的空间都会被压缩，最后你就需要使用一枚长铆钉。但过长的铆钉铆接起来是很困难的。

慢慢把这些部件拼到一起，让它们全部挨个紧贴着。必要时，再次修剪铆钉（**见图12**）。

> **提示：** 如果你没有窝作冲头，可以尝试将修整锤面朝下放在沙袋上，在锤尖进行铆接。

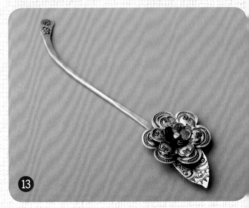

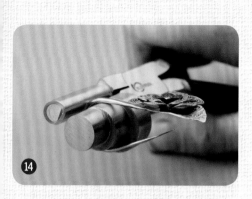

15 | 铆接各个部件（**见图13**）。

16 | 用缠绕钳的中间一段夹住铜丝露在外面的一端，向内侧的花朵缠绕铜丝，形成环状（**见图14**）。

17 | 当铜丝形成一个完整的环后，评估其大小和长度。如有需要，修剪或锉削任何超出0.5英寸（1.3厘米）的多余部分。指环稍微有重叠，可以彰显环上的刻印装饰，因此要有一定的调整空间。根据需要调紧戒指，使之达到最合适佩戴的状态（**见图15**）。

制作胸针

1 | 所有步骤都一样，唯一的不同是不必制作戒指部分。

2 | 大多数的别针托上有两个孔，但这些孔都太大了，没有办法铆接上去，并且孔位也不好，花朵遮不住别针托。因此，你可能需要在别针托的正中心钻一个孔。要确保钻孔与铆钉的尺寸完美吻合。

3 | 和你加工戒指一样，把窝作冲头放在沙袋上，组配好所有的部件后，在窝作冲头上进行铆接。

半圆穿珠项链

这条项链是使用胚料进行定制的，方式很有趣。半圆形吊坠将宝石嵌入刻印部件的底座，这很有意思。我们认为这条项链是部落风格与优雅气质的奇妙结合。

印模

经典箭头形，大号

注: Beaduction.com现在有提供修好的印模，这样你就不必自己修改了！

技能水准

中阶

成品尺寸

吊坠: 1.25英寸×1.25英寸（3.2厘米×3.2厘米）

连接所用的金属及链子: 大约长18英寸（45.5厘米）

工具

刻印工具清单

塑料锤

1.5毫米的长嘴打孔机

金属剪　尼龙嘴弯镯钳

尖嘴钳　扁嘴钳　剪线钳

强力打孔钳　圆形模板或印模

耐久性记号笔

材料

一块直径为1.25英寸（3.2厘米）、厚度为24的圆形镀金胚料

两块1.25英寸×0.25英寸（3.2厘米×0.6厘米）、厚度为24的长方形镀金胚料

六块1.25英寸×$\frac{1}{8}$英寸（3.2 厘米×0.3厘米）、厚度为24的长方形镀金胚料

一粒5—6毫米的珠子

长度为5英寸（12.5厘米）、厚度为26的镀金丝

14枚厚度为18、内经为3毫米的镀金扣环

链子　钩扣

操作说明

1｜ 在这款设计中可随意使用任何图案印模。我们做了一些有趣的事。我们把大号箭头印模固定在台钳上，用旋转工具上的砂轮磨掉了印模的箭头部分，只留下了尾部的羽毛（粘翼）。我们喜欢这种用"V"形和菱形图案印模形成的几何感和棱角感。如果你想尝试修改自己的印模，请戴好护目镜，不要让头发遮挡视线。操作过程中会有飞溅的火花，因此要确保附近没有易燃物，还要在手边常备一只灭火器（**见图1**）。

2｜ 在1.25英寸（3.2厘米）圆形胚料上画一条线，沿这条线开始刻印。我们从右侧的位置开始，上下颠倒地交替刻印粘翼。由于这枚印模被我们修改过，很难将一端对齐（它不是一段平滑的细钢柄，而是一段粗柄）。因此，我们没有试着整整齐齐地刻出一条直线，而是以印痕作为参考，将印痕的边缘同印模的边缘对齐（**见图2**）。

3｜ 继续刻印，从这一行印痕向两侧"延伸"（**见图3**）。

> **提示：** 我们喜欢随机应变，而不是一切都计划好，因此我们只保持与第一行印痕一致。有时我们会匹配之前的印痕，有时反之。我们喜欢这种随机感。正因为是用相同的印模反复刻印，因此无论你如何刻印，最终都会形成这样的图案。

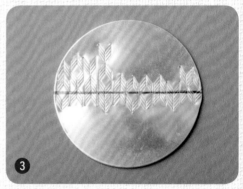

4｜ 当印模和胚料的边缘重合时，要一直刻印到边界，甚至是边界外。完成刻印后，用锉刀锉削毛边。

5｜ 黑化、抛光（**见图4**）。

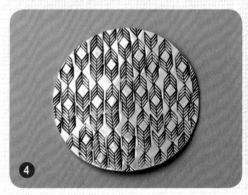

6 | 以类似的方式刻印长方形胚料。这一次，无需画中间线或是起始线，只要沿长方形的长边开始刻印，然后从第一行印痕向外延伸即可。

7 | 黑化、抛光。

8 | 再次在圆形胚料中间画一条线（**见图5**）。

9 | 用金属剪把胚料对半剪开。注意方向，你不想让任何原来的中间线留在胚料上的话，那就剪开。我们观察了印模并找到了原来的刻印线，从那里剪开，再将边角锉削平滑。

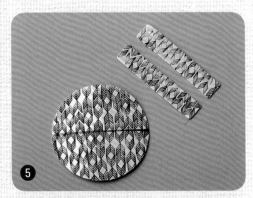

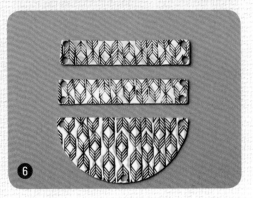

提示： 在这款设计中只用到半个圆，不过另一半肯定也可以做成一个美观又简洁的项链!

10 | 在每块长方形胚料上标记4个孔位，每个角1个孔位，半圆上的两个角也各标一个孔位。用1.5毫米的打孔钳打孔（**见图6**）。

11 | 给强力打孔钳安上最大的冲头。取一个圆形模板/印模，将冲头的大小与印模上相应尺寸的圆形进行匹配。把正确尺寸的圆形对准半圆形胚料的中心，用耐久性记号笔标出圆形。

12 | 然后用强力打孔钳将标记的部分打出（**见图7**）。

┋ **提示：** 你可以在另外一个半圆上进行相同的操作。完成后，选择两者之中较好的一个。

13 | 在强力打孔钳打出的孔两侧钻孔或打孔。以大孔为中心，三个孔均匀对称分布（**见图8**）。

14 | 将厚度为26的镀金丝穿上珠子，然后把两头从大孔两侧的小孔穿过去（**见图9**）。

15 | 小心地将一侧的金属丝缠起来。先将金属丝从大孔穿过来，然后将其绕在珠子和圆形内边之间的金属丝上。用手指来弯曲或拧绕金属丝可以让金属丝在缠绕时保持正确的方向（**见图10**）。

16 | 然后另一侧也要缠紧。尽力让两侧缠绕的圈数相同，并且都在胚料背面完成缠绕。紧贴着胚料进行修剪，并用尖嘴钳把线尾塞起来（**见图11**）。

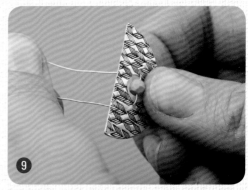

17 | 用扣环将两块长方形胚料连接到半圆形胚料上，将其放到一边。

18 | 将6块1.25英寸×$\frac{1}{8}$英寸（3.2厘米×3毫米）长方形胚料在台板上摆放好，用胶带把它们都粘到台板上。将排列整齐的胚料视作一大块完整的胚料，用修改过的印模进行刻印，使之呈现出和之前类似的风格。所有长方形胚料都是一侧粘胶带，另一侧刻印。

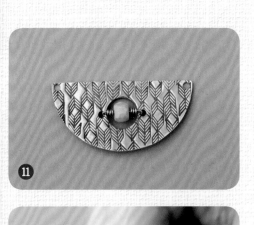

19 | 刻印好一半时，将胶带移到印好的一边后再刻印另一边。

提示： 确保刻印这些胚料时不要太用力，因为这些金属薄片极易变形。但当排列整齐时，金属就不易变形。

20 | 黑化、抛光。

21 | 用尼龙嘴弯镯钳给最后2块长方形胚料稍微增加一点弧度，这样在佩戴时才可以贴合得很好（**见图12**）。

22 | 在所有胚料两端各打一个1.5毫米的孔，用扣环将这些胚料连接起来。

23 | 加上链子和钩扣。

缠丝梦幻宝石

　　这款首饰是本书收录的最后一款设计。在我们已经把所有的设计都整理好之时，施华洛世奇突然发售这些绚丽的宝石，当时我们只知道，无论如何我们都要将其镶在一件刻印工艺品上！

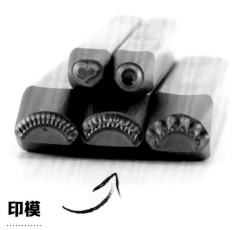

印模

太阳光线形

2.5毫米的圆形

小型的条纹宽胖心形

印第安人的头饰

三角曲线形

技能水准

中阶

成品尺寸

图示中的吊坠尺寸为1.25英寸（3.2厘米）

工具

刻印工具清单

圆孔冲片器或珠宝锯，用来将圆形胚料做成垫圈

1.25毫米的打孔钳

尖嘴钳

扁嘴钳

剪线钳

耐久性记号笔

材料

直径为1.25英寸（3.2厘米）、厚度为24或22的标准银圆形胚料

长度为20英寸（51厘米）、厚度为26的极软标准银丝

22毫米的施华洛世奇水母梦幻宝石

精选的链子（我们用的是施华洛世奇水晶爪链）

一枚厚度为18、内经为4毫米的标准银扣环

黏稠、透明的指甲油

操作说明

1 | 在宝石背面涂一层厚厚的透明指甲油，待其干燥后再涂上一层，这有助于防止背面的涂层在与肌肤摩擦时脱落。

2 | 要想从圆形胚料上打出或剪出一个 $\frac{5}{8}$ 英寸（1.6厘米）的圆片，先把冲头的形状描摹在圆形胚料的中心（见图1）。

3 | 将圆孔冲片器上的圆孔与胚料上的圆圈精准对齐打孔（见图2）。

4 | 如果打出来的孔略微偏离了中心，旋转圆片直至能清楚地分辨出顶部和底部。在顶部做一个扣环孔的标记，在垫圈上刻印。

5 | 将宝石放到垫圈上，标出宝石的沟槽，从而确定扎线穿孔的位置。这些孔要靠近沟槽的内边缘，这有助于孔孔相衬（见图3）。

6 | 打好所有的线孔和扣环孔（见图4）。

7 | 黑化，然后抛光。

8 | 剪出一段长度为18英寸（45.5厘米）、厚度为26的银丝，将银丝穿过其中的一个孔（随便哪个，只要不是扣环孔就行），再将其从背面穿到正面，在背面留一段2英寸（5厘米）长的线尾。

9 | 用手将线尾紧紧地捏住，把银丝缠绕在宝石上，中间隔两个孔，从第三个孔穿到背面（从起始处沿顺时针方向观察）（见图5）。

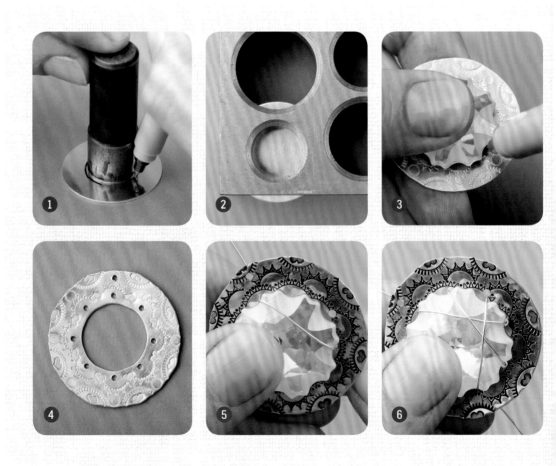

10 | 仍从正面观察，将银丝穿到背面，然后从该孔向上穿到第一个孔的后边。

提示： 缠绕金属丝时，要确保宝石位于正中心的位置，不要让其来回滑动（**见图6**）。银丝从这些孔中穿过时，可能会扭结，务必防止扭结！有时我们会在圈中垫一根手指以抽紧银丝，防止扭结（**见图7**）。

11 | 通过这种方式继续沿顺时针操作，直至从正面看每个孔都有两段银丝从中穿出（**见图8**）。

12 | 当从后面看，两段银丝从孔中穿出、两条线尾也从背面穿出时，你就知道你成功了。

13 | 将两条线尾交叉成"X"形，向下压，贴紧胚料（**见图9**）。用两根手指将"X"形捏住，旋转胚料时要捏紧，保持其不动。这样的话，你就可以将两段银丝拧紧，消除"X"形和胚料之间宽松的部分，使之紧实而美观（**见图10**）。

14 | 裁剪拧紧的银丝，大约保留 $\frac{3}{16}$ 英寸（4.8毫米）。用尖嘴钳的头将拧紧的银丝卷塞好，不要让它伸出来（**见图11和12**）。

15 | 穿上扣环。

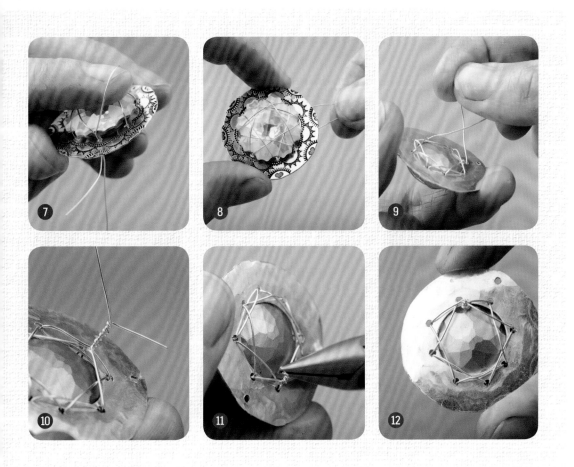

模版

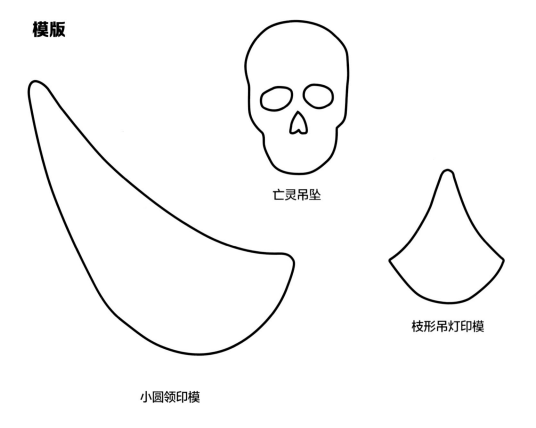

亡灵吊坠

枝形吊灯印模

小圆领印模

作者简介

莉莎·尼文·凯莉是一位屡获殊荣的金属丝首饰艺术家，也是畅销书《金属刻印首饰》的作者，定期为各种珠宝制作杂志撰稿。她的作品被收录在二十多本书里。她二十多年来一直在全国范围内教授制作刻印首饰。莉莎是Beaduciation.com公司的创始人兼现任首席执行官，Beaduciation.com公司是开展金属工艺品和金属刻印用具线上教育的先驱和供应源。

泰伦·麦卡比从事珠宝制作已经有25余年。她自小学开始就在父母的车库里制作工艺品玻璃珠。她在阿尔弗雷德大学获得艺术学士学位，在意大利学习玻璃吹制和珠宝制作，在伦敦科尔多瓦皮学院学习制鞋。在取得艺术硕士学位后，她成为了设计负责人。她目前和家人居住于加利福尼亚州洋滨海区。

单位换算表

原单位	目标单位	乘数
英寸	厘米	2.54
厘米	英寸	0.4
英尺	厘米	30.5
厘米	英尺	0.03
码	米	0.9
米	码	1.1

钻头参考

孔的大小 （厚度）	孔的大小 （英寸）	孔的大小 （毫米）	钻头 大小
20	0.0320	0.8128	67
18	0.0403	1.0236	60
16	0.0508	1.2903	55
14	0.0641	1.6281	51 或 52
12	0.0808	2.0523	46